微咸水灌溉模式对土壤水盐运移影响研究

毕远杰　雷　涛　著

黄河水利出版社
·郑州·

内 容 提 要

本书主要围绕微咸水灌溉模式对土壤水盐运移影响进行论述,内容包括:试验区概况与研究方案、连续灌溉条件下不同矿化度对土壤水盐入渗及分布特征影响、矿化度 - 周期数 - 循环率耦合条件下土壤水盐入渗及分布特征、灌溉方式 - 矿化度耦合条件下土壤水盐入渗及分布特征、灌溉方式 - 交替次序耦合条件下土壤水盐入渗及分布特征、微咸水灌溉田间土壤水流运动及水盐分布特征、微咸水间歇灌溉水盐耦合灌水模型研究。

本书可供农业水利工程、土壤物理和农业水土工程等研究领域的科研人员、工程技术人员和研究生参考使用。

图书在版编目(CIP)数据

微咸水灌溉模式对土壤水盐运移影响研究/毕远杰,雷涛著. —郑州:黄河水利出版社,2020.9
ISBN 978 - 7 - 5509 - 2818 - 3

Ⅰ.①微… Ⅱ.①毕… ②雷… Ⅲ.①半咸水 - 灌溉 - 影响 - 土壤盐渍度 - 研究 Ⅳ.①S155.2

中国版本图书馆 CIP 数据核字(2020)第 180870 号

组稿编辑:王路平 电话:0371-66022212 E-mail:hhslwlp@ 126. com

出 版 社:黄河水利出版社 网址:www. yrcp. com
　　　　　地址:河南省郑州市顺河路黄委会综合楼 14 层 邮政编码:450003
发行单位:黄河水利出版社
　　　　　发行部电话:0371 - 66026940、66020550、66028024、66022620(传真)
　　　　　E-mail:hhslcbs@ 126. com
承印单位:广东虎彩云印刷有限公司
开本:787 mm × 1 092 mm 1/16
印张:10
字数:230 千字
版次:2020 年 9 月第 1 版 印次:2020 年 9 月第 1 次印刷

定价:50.00 元

前 言

我国是一个物产丰富的农业大国,水资源是确保农业高产稳产和粮食安全的重要保障。随着人类社会不断发展,农业灌溉用水需求急剧增加,严重的淡水资源缺乏已经成为制约我国农业可持续发展的瓶颈。如何科学高效利用微咸水等替代资源是当今世界缓解水资源短缺危机的重要举措,也是世界各国关注的热点问题。我国微咸水资源虽然储量丰富,尤其是在华北及滨海地区,但这部分水资源尚未得到广泛开发和高效利用。因此,可以考虑在农业灌溉中使用微咸水和咸水资源,将是一条缓解微咸水分布地区水资源短缺的重要途径,与此同时,还将有利于地下水资源更新存储和环境生态建设与保护,但不合理使用微咸水灌溉容易诱发土壤盐渍化问题。探究适宜的灌溉水矿化度阈值及合理的灌溉模式及策略,是确保微咸水灌溉安全和水资源高效利用的重要保证,也是微咸水灌溉技术大面积推广的必要前提。

本书采用试验研究、理论分析和数值模拟相结合的研究方法,揭示了连续灌溉条件下不同矿化度对土壤水盐入渗及分布特征影响,探明了矿化度－周期数－循环率耦合条件下土壤水盐入渗及分布特征,阐明了灌溉方式－矿化度耦合条件下土壤水盐入渗及分布特征,揭示了灌溉方式－交替次序耦合条件下土壤水盐入渗及分布特征,明确了微咸水灌溉田间土壤水流运动及水盐分布特征,建立了微咸水间歇灌溉水盐耦合灌水模型。研究成果对于完善微咸水灌溉理论与技术具有重要意义。

本书在研究和编写过程中,得到了太原理工大学水利科学与工程学院孙西欢教授、马娟娟教授和郭向红教授,山西省水利水电科学研究院王坚和吕棚棚的大力支持,在此表示衷心的感谢!

感谢研究生刘静妍、严亚龙、魏磊、郭力琼等对该研究所做出的重要贡献!

特别感谢国家自然科学基金委员会、山西省水利厅、山西省财政厅和山西省水利水电科学研究院的大力支持!

本书参考和引用了许多专家、学者的文献,在此对他们表示衷心的感谢!

由于作者水平有限,书中难免有不足之处,敬请读者和专家多加批评指正。

作 者
2020 年 6 月

目　录

第 1 章　绪　论

1.1　研究背景

　　水是生命之源,万物之本,是维系人类生存发展不可缺少的资源,是实现人类社会可持续发展的重要物质基础。随着人口规模增长和社会不断发展,全球淡水需求量每年预计增加 6 400 亿 m³,并且在 2025 年全球淡水紧缺量将上升到 20 000 亿 m³,人均水资源量低于 1 700 m³ 的人口将达到 35 亿人(郭久亦等,2016)。据统计,全世界农业灌溉用水量约占人类总用水量的 70%,农业是名副其实的用水大户(郭向红,2018)。全球水资源枯竭风险和淡水资源供需危机愈演愈烈(柳宽,2000),已经严重制约全人类的可持续性和谐发展进程(姜伟,2006)。因此,发展节水新技术和深入挖掘开发可利用新水源(王全九等,2015),进而缓解水资源供需矛盾,保障水资源可持续发展刻不容缓。

　　在当前水资源危机背景下,科学合理开发和利用微咸水资源已经成为缓解水资源短缺及平衡水资源供需矛盾的有效途径(Sharma 等,2005;庞桂斌等,2016)。微咸水是指一种矿化度在 2 ~ 5 g/L 的非常规水资源(马中昇等,2019)。我国是一个微咸水资源较为丰富的国家,据估算,我国微咸水总储量约为 277 亿 m³,可开采利用量约占 46.9%(刘友兆等,2004)。从微咸水空间分布区域上来看,以沿海地带、西北地区和华北地区为主,且集中分布在地表以下 10 ~ 100 m(王全九等,2015),但尚未得到有效开采和高效利用。与传统的淡水资源不同,由于微咸水中含有大量盐分离子,可能容易引发土壤盐渍化问题。但研究表明,只要采用科学合理的微咸水灌溉策略,不仅不会对土壤及作物生长发育产生明显的负面影响(Bustan 等,2005;Talebnejad 等,2015;马文军等,2010),还能一定程度上提高作物产量及品质(Abdel 等,2005;邢文刚等,2003)。因此,在淡水资源匮乏、咸水资源丰富地区,可以考虑将微咸水和咸水资源科学合理地用于农业灌溉,进而缓解水资源短缺问题(王卫光等,2003)。

　　微咸水灌溉是一个较为综合且复杂的系统过程(庞桂斌等,2016)。例如,微咸水所携盐分会影响土壤交换性盐基组成(刘秀梅等,2016)、土壤凝絮作用(王全九等,2004)和土壤团粒结构及孔隙性能(吴忠东等,2010),以及间歇灌溉相较连续灌溉会改变土壤表层结构性状(贾辉等,2007)。周期数及循环率是影响间歇灌溉效果的重要技术参数(严亚龙等,2015)。合理的交替次序将有助于降低土壤盐渍化程度(Wang 等,2019),减缓作物盐分胁迫效应(Li 等,2019)。因此,探索科学合理的微咸水矿化度阈值、灌溉模式及策略以调控灌后水盐分布特征,是实现作物提产增质的重要前提保障,对于完善微咸水灌溉理论与技术具有重要的意义。

1.2　微咸水灌溉研究进展

1.2.1　微咸水灌溉发展过程

在世界范围内,许多国家都面临较为严重的淡水资源短缺危机,但地下微咸水或咸水资源储备丰富,因此咸水灌溉的研究受到广泛的重视(王卫光等,2003)。国外使用微咸水进行灌溉的历史较为久远,最早可追溯至 100 多年前,诸多学者就水质、土质、作物响应及田间管理等方面开展了诸多研究工作(郭丽等,2017)。以色列拥有巨大的 589.0 亿 m^3 微咸水和咸水储量,经过科学合理地开发和淡化后,成功用于园艺、经济作物和树木等农业生产灌溉(张永波等,1997)。美国采用不同灌溉方式(沟灌、滴灌、传统灌溉)进行甜菜等农作物种植研究,取得了较好的效果(陶君,2014)。采用微咸水灌溉对美国西南部地区小麦生长具有促进作用,可在一定程度上提高经济效益(Sowe 等,2018),但也有学者指出微咸水灌溉向日葵会造成减产,由此说明不同作物类型对微咸水的耐受程度和响应强度存在差异(Jennifer 等,2018)。突尼斯在排水和灌溉良好的沙漠地区进行了棉花、玉米和小麦等作物对灌溉水矿化度的响应研究,结果表明矿化度大于 5 g/L 的灌溉水适宜用于沙壤土,而矿化度在 2 ~ 5 g/L 的灌溉水适宜用于重壤土(贺涤新,1980)。西班牙、印度等国家也相继利用 6 ~ 33 g/L 的高矿化度水源进行了烟草、小麦、玉米等作物的灌溉试验(郭永杰等,2003)。意大利通过多年微咸水灌溉试验,发现长期微咸水灌溉会引发土壤盐渍化问题,并且土壤积盐量随灌溉水矿化度增加呈递增趋势(龚雨田,2017)。日本(Van,1970)也有利用微咸水进行灌溉的实践,在缺水地区,人们用盐分浓度为 0.7% ~ 2.0% 的微咸水灌溉作物,取得了成功。

我国微咸水灌溉技术研究及应用最早可追溯到 80 多年前,人们便已经开始在一些北方干旱及半干旱地区采用微咸水进行甘蓝、韭菜和芹菜等作物的种植试验(王卫光等,2003)。在 20 世纪 60 年代,我国宁夏南部地区开始将微咸水用于小麦等作物的灌溉研究,结果表明用微咸水灌溉的小麦、大麦比旱地增产 3 ~ 4 倍(胡雅琪等,2018)。在 1976 年,河北沧州地区采用矿化度小于 5.0 g/L 的微咸水灌溉小麦,发现较旱地增产 10% ~ 40%(霍海霞等,2015)。在 1986 年、1990 ~ 1993 年,经过山东省庆云县水科所多年研究,结果表明经矿化度微咸水灌溉后的夏玉米和小麦产量均能比旱地种植产量高(褚贵发等,1999)。国内学者在盐山县进行了微咸水灌溉试验,结果表明以"三差"理论为指导,以矿化度小于 10 g/t 的浅层地下咸水为水源的灌溉方法,能够不破坏土地又能实现增产(张会元,1994)。在 1990 ~ 1995 年,经山西汾河三坝灌区多年微咸水灌溉试验,结果表明经 3.0 ~ 5.1 g/L 微咸水灌溉后高粱、玉米等作物比旱地可增产 30% 以上(赵春林等,2000)。在新疆农八师炮台实验站进行了微咸水和咸水灌溉条件下碱茅草生长试验,结果表明采用微咸水和咸水进行碱茅草灌溉具有一定的可行性(张建新等,1996)。逄焕成等(2004)在鲁西北低平原地区进行了微咸水调控研究,结果表明微咸水灌溉 + 麦秸秆覆盖措施处理对作物产量不会产生影响,而无覆盖处理减产明显。2002 ~ 2005 年,在河北沧县经过 3 年的咸淡混合水灌溉地块与普通地块积盐量相差较小(许景桥等,2007)。华北平原、山东半岛等地在降雨较少季节利用微咸水补灌 1~2 次,可保证作物不减产(龙秋波等,2010)。河南新乡玉米种植试验结果得出,采用低于 3 g/L 的微咸水灌溉后会对玉米株高和产量分别存在 8.4% 和 6.4% 的抑制作用(王军涛等,2013)。

综上所述,国内外学者相继在灌溉制度(叶海燕等,2005;黄权中等,2009)、灌溉技术(Isla 等,2009;Malash 等,2010;贾俊姝等,2011)、灌溉水质(黄权中等,2009)、土壤理化性质(Murtaza 等,2006;栗现文等,2014)、地下水环境(Talebnejad 等,2015)、土壤水盐运移(Murtaza 等,2006;张展羽等,2013;杨树青等,2007)、作物生长生理及产量品质(Bustan 等,2005;Maggio 等,2004)等方面进行了广泛实践,积累了丰富经验,充分证实了微咸水在农业灌溉中的可行性与广阔前景。

1.2.2 微咸水灌溉利用方式

目前,微咸水灌溉方法可主要分为:畦灌(吴忠东等,2010;邢文刚等,2003)、漫灌(栗现文等,2014)、沟灌(张丽君等,2010;马海燕等,2015)、喷灌(Pastermak 等,1985;孙泽强等,2011)、滴灌(吕棚棚等,2020;姚宝林等,2010;陈书飞等,2010)及渗灌(杨静,2012;杨静等,2012)等,只有根据不同作物类型及土壤条件等,采用合理的灌溉方法才能降低微咸水盐分胁迫效应(牛君仿等,2016),进而保证作物正常生长生理和稳产(Abdel 等,2005;Zhang 等,2014)。

目前,微咸水灌溉利用方式可分为四种:微咸水直接灌溉(杨培岭等,2020)、咸淡水混灌(朱瑾瑾等,2020)、微咸水轮灌、咸淡水交替灌溉(朱成立等,2017;朱瑾瑾等,2020)。

1.2.2.1 微咸水直接灌溉

微咸水直接灌溉是指采用田间输配水沟渠及管网,将微咸水直接引入田间,结合适宜的灌溉方法对作物进行灌溉,维持土地可持续性利用,这种灌溉利用方式主要适用一些淡水资源非常紧张的地区及耐盐性作物(乔玉辉等,1999;王全九,单鱼洋,2015;郭亚洁等,1996)。这种微咸水灌溉利用方式应尽可能避开作物苗期,一般情况下,在生长期将矿化度 3~5 g/L 的微咸水直接用于玉米、棉花和小麦灌溉,不会对其造成过大伤害,并且可取得良好的灌溉效果(王洪彬,1998)。直接利用微咸水灌溉,需要注意的是,良好的排水条件以防止反盐、合理掌控灌水时机及次数、适当淋洗盐分、科学施肥改善土壤理化性质,以及采用合理的灌溉方法(刘静等,2012)。

1.2.2.2 咸淡水混灌

咸淡水混灌是指在有淡水和咸水的地区,为了降低盐渍化风险和克服盐碱化危害,结合灌溉作物耐盐特性及基础土壤条件,按照一定的合理配比将淡水和咸水进行混合,再用于农业灌溉(严晔端等,2000;刘静等,2012;王全九等,2015)。目前微咸水与淡水混合模式主要包括 3 种(王全九等,2015;郭向红,2018):①水源处混合,即通过一些水箱、水池等储水容器,根据农业生产实际需求按照一定比例对淡水和咸水进行混合后用于田间灌溉;②管道或渠道中混合,即将微咸水和淡水分别输送到末级管道或渠道,使微咸水和淡水在其中混合后进行灌溉;③土壤表层混合,即在田间设置两套灌溉管道,分别用于输送淡水和咸水,在灌溉过程中两种水源在土壤表层自然混合,这种灌溉方式多用于滴灌系统。混灌方式不仅能够提高灌溉水水质和增加可灌溉水源总量(吴忠东等,2008;池文法,2006),还使咸水利用效率大大提升(严晔端等,2000),缓解了水资源危机,具有显著的经济效益和社会效益(许景桥等,2007)。

1.2.2.3 微咸水轮灌

微咸水轮灌是指根据不同类型作物耐盐特性、相同作物各生育期耐盐程度、咸水及淡水资源量、耗水特性及土地质量(郭向红,2018),选择合理咸淡水组合和轮灌次序对作物进行灌溉,以保证作物正常生长和降低土壤盐渍化风险(叶胜兰,2019)。因此,在灌溉过程中具体的灌水量及时间等都会随着作物种类、微咸水矿化度和当地灌溉条件改变而改变(郭永辰等,1992)。例如,对于耐盐性较差的作物,在作物生长敏感期(苗期)应该选择淡水灌溉,而在非敏感期(生长旺盛期)可适量灌溉微咸水(Minhas等,2007;曹彩云等,2007)。在棉花苗期和花蕾期进行淡水灌溉,而在花铃期、吐絮期进行微咸水灌溉的轮灌时序可促进生殖生长和产量形成(黄丹,2014)。

1.2.2.4 咸淡水交替灌溉

咸淡水交替灌溉就是在设计灌水时间内,采用微咸水和淡水交替进行灌溉的灌水方式(黄丹,2014)。根据作物需水要求和耐盐程度及土壤基础条件,可选择淡—咸、咸—淡、淡—淡—咸、淡—咸—淡等交替次序进行灌溉,以达到改善土壤水盐分布特征及促进作物生长的目的(朱成立等,2017;朱瑾瑾等,2019;杨培岭等,2020)。研究表明咸淡水交替灌溉下土壤含盐量与矿化度呈正相关(朱成立等,2017),咸淡水间歇组合灌溉后的土壤脱盐率与淡水灌溉结果基本接近,但会明显高于微咸水直接灌溉结果(刘小媛等,2017),说明科学合理的微咸水矿化度和交替次序组合方式是降低土壤盐分累积的关键(郭向红,2018)。

进行微咸水灌溉时,采用何种灌溉方式与灌溉水水源状况(王卫光等,2003)、灌溉制度(逢焕成等,2004)、作物种类(张俊鹏等,2010)、土壤状况和微咸水分布地区的社会经济状况等有关(马中昇等,2019)。

1.2.3 微咸水灌溉对土壤水盐影响

1.2.3.1 微咸水矿化度对土壤水盐入渗及分布影响

微咸水中所含化学元素组分较为复杂,与土壤之间的作用机制尚未完全被揭示,为了便于研究及应用推广,通常采用矿化度指标来对灌溉水含盐量进行描述。研究表明,土壤水分入渗能力随矿化度增加呈先提高后降低变化趋势,整体近似抛物线状变化趋势,并在矿化度为 $3 \sim 4$ g/L 时达到峰值(史晓楠等,2005;杨艳,2006;马东豪,2005)。与淡水入渗特征相似,微咸水处理后累积入渗量、湿润锋与入渗时间之间可采用幂函数进行量化描述,且微咸水处理相较淡水处理后的累积入渗量和湿润锋数值更大一些(马东豪,2005)。双点源交汇入渗试验结果表明,灌溉水矿化度对湿润锋交汇时间具有抑制作用,对湿润锋范围大小具有促进作用(王春霞等,2010)。经过 4 年持续咸水灌溉后,土壤电导率和钠吸附比显著增加,土壤导水率明显下降,而土壤容重和持水率曲线无明显变化(Zartman等,1984)。研究报道指出,长期使用微咸水进行灌溉可能会引发土壤入渗率下降及表层土壤盐渍化问题(Padole等,1995)。在微咸水入渗过程中,增加灌溉水矿化度能够促进碱土的剖面含水率和含盐量,但对盐土剖面含水率和含盐量作用效果不明显(杨艳等,

2008）。当灌溉水含盐量增加时，将会导致土壤团聚体稳定性系数及总孔隙度降低，进一步引起土壤电导率增加及水分渗透性降低，最终导致土壤板结（Huang 等，2011；牛君仿等，2016）。不同矿化度处理后土壤积盐深度主要在 20 cm 以下土壤，且积盐量与矿化度呈正相关（毕远杰等，2009）。

1.2.3.2　微咸水交替次序对土壤水盐入渗及分布影响

不同咸淡交替组合对土壤盐分含量影响存在差异，具体数值大小表现为：咸淡淡 > 淡咸淡 > 淡淡咸（朱成立等，2017）。不同交替模式对土壤水分入渗历时影响表现为：淡咸交替 > 咸淡交替，对土壤平均含盐量影响表现为：咸淡交替 > 淡咸交替，对土壤平均含水率影响不明显（朱瑾瑾等，2019）。微咸水 - 淡水交替灌溉方式主要影响土壤盐分的垂直分布，盐灌越靠前，盐分聚集层越深（刘宗潇等，2017）。交替模式对土壤水分湿润锋影响主要集中在入渗初期 0 ~ 30 min（郭力琼等，2016）。经淡—淡—咸、淡—咸—咸、咸—淡—咸交替次序处理后土壤水盐入渗及分布特性存在差异，具体表现为：经咸—淡—咸处理的土壤水入渗能力较大，且脱盐率高于淡—咸—咸处理，而经淡—咸—咸处理的土壤含水率较高（苏莹等，2005）。

1.2.3.3　间歇灌溉参数对土壤水盐入渗及分布影响

周期数及循环率是影响间歇灌溉效果的重要技术参数（严亚龙等，2015），其中灌水周期数是指完成一次灌溉全过程所需的循环次数（王春堂，2000），循环率是反映停水时间相对长短的参数（王春堂，1999）。随着交替次数的增加，间歇灌溉的土壤含水率变化率显著降低。交替连续入渗随着交替次数的增加，湿润锋推进深度及累积入渗量都有一定程度的增加（刘静妍等，2015）。小周期数和高循环率可以有效促进水分入渗，大周期数将导致土壤盐分积累加剧（严亚龙等，2015）。间歇入渗循环率改变时均会对水分减渗效果和增渗效果产生影响（毕远杰等，2010）。相对于先淡后咸处理，经先咸后淡处理后土壤含水率分布更均匀，含盐量峰值更高，脱盐率均值更小（刘小媛等，2018）。

综上所述，微咸水所携带盐分离子会与土壤颗粒及内部化学元素发生相互作用，改变土壤理化特性，导致土壤水分和盐分运移规律变化，进一步影响土壤水分有效性和盐分分布（吴忠东等，2008）。微咸水灌溉具有一定的复杂性和特殊性（逄焕成等，2004），不仅存在盐渍化风险，还有可能胁迫植株生长发育，关键在于各深度处根际土壤的水分状况和盐渍化程度保持在适宜分布范围及水平（Corwin 等，2007）。因此，进行不同矿化度、交替次序及间歇灌溉参数条件下水盐入渗及分布特性具有重要的现实意义。

1.3　土壤水盐运移模拟研究进展

在 20 世纪 60 年代，随着土壤水分运移模型的网格数值解法被提出之后，土壤盐分运移模型的解法也得到迅速发展（Dane 等，1981）。随着计算机技术的发展，模型种类由单一走向多元化，陆续形成了对流 - 弥散物理模型和系统模型等，并通过软件与模型集合形成了 HYDRUS 等一系列土壤水盐运移模拟软件（郭瑞等，2008）。

作为物理模型的典型代表，对流 - 弥散模型是世界上应用范围最为广泛的模型之一。例如，有学者以土壤水分运动基本方程和溶质运移对流 - 弥散方程为基础，建立了考虑根系吸水和土壤蒸发的棉花全生育期土壤水盐运移模型(虎胆·吐马尔白等,2012)、种植作物条件下粉砂壤质土壤水盐运移模型(徐力刚等,2004)、考虑降雨－蒸发－植被覆盖条件下土壤水盐运移模型(陈启生等,1996),取得了较好的模拟精度。

　　HYDRUS 模型是由美国国家盐渍土改良中心开发的一种新型多孔介质数值模拟软件,受到了广大学者的欢迎。有学者采用 HYDRUS－1D 模型模拟了充分灌溉与非充分灌溉条件下土壤积盐情况(李远等,2014)、不同矿化度条件下土壤盐渍化程度(陈丽娟等,2012)、土壤盐分及主要离子的运移特征(欧阳正平,2008)、不同微咸水利用模式(何康康等,2016)和灌水模式下水盐运移特征(余根坚等,2013)、咸淡水混合模式下水盐运移特征(Ramos 等,2011)、全膜双垄沟模式下土壤水盐运移特征(金辉等,2019)、不同灌水量条件下水盐运移特征(吴漩等,2014),并取得了较好的模拟效果。还有学者采用 HYDRUS－1D 模型对不同上口宽排盐浅沟下土壤水盐运移特征(胡钜鑫等,2019)、间歇性定额灌水－蒸散发条件下土壤水盐运移特征(徐存东等,2015)进行模拟,以及采用 HYDRUS－3D 模型对不同开孔率条件下水盐分布特征进行模拟(马海燕等,2015),取得了满意的模拟精度。

　　基于 SWAP 等模型的水盐分布数值模拟也取得了一些进展。例如,有学者采用 SWAP 模型对长期咸水灌溉条件下土壤水盐动态(李开明等,2018)、非充分灌溉条件下土壤剖面水盐通量(袁成福等,2014)、不同地下水调控深度与灌溉制度结合条件下土壤水盐动态(王少丽等,2005)进行了数值模拟。还有学者提出了将 SWAP 模型与 ArcInfo 模型相结合,构建了区域尺度的农田水盐动态模拟模型——GSWAP 模型(徐旭等,2011)。此外,SWSTM 模型(徐力刚等,2005)、UNSATCHEM 模型(Wang 等,2014;Raij 等,2016)在土壤水盐及主要离子运移研究方面也有相关报道。

　　随着人工智能技术的迅速发展,基于神经网络的水盐预测模型相继出现,成为传统土壤水盐动态研究方法的重要补充与完善。例如,许多学者建立了基于模糊神经网络的地下水盐分动态预测模型(余世鹏等,2014)、基于 BP 神经网络的表层盐渍土盐分预测模型(余世鹏等,2014)、以土壤含水率等 7 因素为输入参数的土壤含盐量预测模型(宰松梅等,2010)、基于径向基函数神经网络的农田土壤含盐量预测模型(曹伟等,2009)、不同地下水埋深条件下 BP 神经网络水盐耦合模型(乔冬梅等,2007)和冻融土壤水盐耦合运移预测模型(李瑞平等,2007)等。

第 2 章　试验区概况与研究方案

2.1　试验区概况

本试验主要在山西省水利水电科学研究院节水高效示范基地内进行,基地位于太原市小店区东南部薛店村。小店区地处晋中盆地北端,平均海拔 763 ~ 780 m,以南部平川为主,东部地区为山区及丘陵地区。地理坐标为东经 112°24′ ~ 112°43′,北纬 37°36′ ~ 37°49′,属暖温带大陆性气候,四季分明,年平均气温 9.6 ℃,年平均日照时数 2 675.8 h,无霜期 170 d,年降水量在 495 mm 左右。该地区属于汾河流域中游地区,地下水位偏高,灌溉水矿化度偏高且有土壤次生盐渍化现象。

该基地占地 100 多亩(1 亩 = 1/15 hm², 全书同),各类温室大棚 10 余个,经过多年的建设与发展,形成了蔬菜、水果、粮食的多元化产业基地,以改良盐碱地为目的,采用微咸水与农业节水灌溉技术相结合的方式,利用现代化管理技术和完善的监测网络,构建成具有良好的生态环境和科学完善的管理模式的省内一流农业科技示范园区。

2.2　试验材料

2.2.1　供试土壤基本情况

本试验在山西省水利水电科学研究院节水高效示范基地进行。供试土壤取自基地内试验田 0 ~ 110 cm 土层,经风干、研磨和过筛后备用。试验区土壤属于黏性土壤,0 ~ 100 cm 土层根据土壤物理性质可分为 4 个土层。表 2-1 为各层土壤的颗粒级配。表 2-2 为各层土壤的基础物理参数。

表 2-1　土壤颗粒级配

深度	各级颗粒含量百分数(%)			土壤质地
(cm)	$d \geqslant 0.02$ mm	0.002 mm $\leqslant d <$ 0.02 mm	$d < 0.002$ mm	
0 ~ 20	25.47	33.88	40.65	黏壤土
20 ~ 40	31.74	35.51	32.75	黏壤土
40 ~ 80	22.40	33.89	43.71	黏壤土
80 ~ 100	22.40	44.24	33.36	黏壤土

表2-2　土壤物理参数

深度（cm）	田间持水量（%）	饱和含水率（%）	密度（g/cm³）
0 ~ 20	34.59	50.01	1.42
20 ~ 40	37.11	52.89	1.47
40 ~ 80	38.89	55.43	1.52
80 ~ 100	36.47	51.96	1.47

2.2.2　灌溉水源基本情况

试验期间用水是由基地内的咸水井（浅水井）和淡水井（深水井）提供。在试验期间多次对两眼井水进行取样和矿化度监测，基本水质指标如表2-3和表2-4所示。咸水井水和淡水井水的矿化度分别为4.85 ~ 5.15 g/L和1.52 ~ 1.82 g/L，平均值分别为（5.01 ± 0.10）g/L和（1.67 ± 0.11）g/L。试验期间，根据盐分守恒原理［式（2-1）和式（2-2）］，采用咸水和淡水混合的方式，配制所需矿化度水平的试验用水。

表2-3　浅层地下水水质指标（咸水）

序号	矿化度（g/L）	电导率（ms/cm）	pH	$Na^+ + K^+$（mmol/L）	Mg^{2+}（mmol/L）	Ca^{2+}（mmol/L）	SAR（mmol/L）$^{0.5}$
1	5.02	7.45	7.41	43.89	13.38	2.89	15.39
2	4.85	7.16	7.46	42.06	13.23	2.95	14.79
3	5.03	7.31	7.44	41.93	13.43	3.09	14.59
4	4.95	7.25	7.48	44.98	14.98	3.29	14.88
5	5.11	7.47	7.49	43.61	13.92	2.82	15.07
6	5.15	7.54	7.34	43.31	14.14	3.01	14.79
7	5.07	7.53	7.31	41.82	14.44	2.96	14.18
8	4.90	7.29	7.34	44.76	14.68	3.13	15.00

表2-4　深层地下水水质指标（淡水）

序号	矿化度（g/L）	电导率（ms/cm）	pH	$Na^+ + K^+$（mmol/L）	Mg^{2+}（mmol/L）	Ca^{2+}（mmol/L）	SAR（mmol/L）$^{0.5}$
1	1.75	2.77	7.92	12.86	1.52	0.82	11.89
2	1.56	2.46	7.82	12.50	1.49	0.567	12.33
3	1.62	2.58	7.92	11.99	1.59	0.91	10.72
4	1.75	2.76	7.80	12.05	1.37	0.67	11.93
5	1.52	2.41	7.80	12.02	1.34	0.46	12.67

续表 2-4

序号	矿化度 （g/L）	电导率 （ms/cm）	pH	$Na^+ + K^+$ （mmol/L）	Mg^{2+} （mmol/L）	Ca^{2+} （mmol/L）	SAR （mmol/L）$^{0.5}$
6	1.75	2.80	7.88	11.77	1.22	0.91	11.41
7	1.58	2.51	7.86	12.17	1.87	0.64	10.86
8	1.82	2.81	7.97	12.37	1.59	0.49	12.13

$$Q_咸 \cdot r_咸 + Q_淡 \cdot r_淡 = Q \tag{2-1}$$
$$r_咸 + r_淡 = 1 \tag{2-2}$$

式中：$Q_咸$ 为咸水的矿化度，g/L；$Q_淡$ 为淡水的矿化度，g/L；Q 为所需配置的灌溉水矿化度，g/L；$r_咸$ 为咸水所占的比例；$r_淡$ 为淡水所占的比例。

2.3　连续灌溉条件下不同矿化度对土壤水盐入渗及分布特征影响

2.3.1　试验设计

本试验主要进行连续灌溉条件下不同灌溉水矿化度对水盐入渗分布特性影响研究。其中，矿化度设置为 K_0、$K_{1.75}$、K_2、K_3、K_4 和 K_5，分别为 0、1.75 g/L、2 g/L、3 g/L、4 g/L 和 5 g/L，共 6 种处理，每个处理设置 3 组重复。试验开始后定时对土壤湿润锋、累积入渗量、含水率和电导率进行取样监测。

2.3.2　试验装置

图 2-1 为自制一维垂向土壤水盐入渗试验装置。该试验装置包括圆柱形土柱（直径 15 cm、高度 1 m）和马氏瓶供水模块两部分，均由有机玻璃制成。试验按照容重 1.42 g/cm³、厚度 5 cm 逐层进行夯实。沿土柱侧壁每间隔 5 cm 进行开孔，用于采集土壤样品，定时进行土壤含水率和盐分测定。

2.3.3　测定项目及方法

2.3.3.1　湿润锋

试验开始后，定时采用记号笔在土柱侧壁标记湿润锋垂向位置，并记录相应入渗时间。

2.3.3.2　累积入渗量

试验开始后，定时采用记号笔在马氏瓶侧壁标记水位，并记录相应入渗时间。结合各测定时段内水位差计算相应入渗量，逐时段叠加求和得到累积入渗量。

2.3.3.3　含水率

定时通过小型取土器逐层取土，采用烘干法测定土壤含水率，烘干条件：温度 108 ℃、时间 8 h。

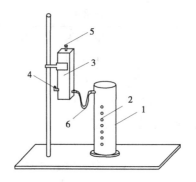

1—试验土筒;2—取样口;3—马氏瓶;4—进气口;5—灌水口;6—输水软管

图 2-1　自制一维垂向土壤水盐入渗试验装置示意图

2.3.3.4　盐分

定时通过小型取土器逐层取土,采用 DDS – 308 电导率仪,按照 5∶1 水土比进行土壤电导率测定。

2.4　矿化度 – 周期数 – 循环率耦合条件下土壤水盐入渗及分布特征

2.4.1　试验设计

本试验主要进行矿化度(K) – 周期数(Z) – 循环率(X)耦合条件下土壤水盐入渗及分布特性研究。其中,矿化度设置 5 个水平,分别为 0、1.75 g/L、3 g/L、4 g/L 和 5 g/L;周期数设 2 个水平,分别为 2 个和 3 个;循环率设置 2 个水平,分别为 1/2 和 1/3。表 2-5 为矿化度 – 周期数 – 循环率耦合条件下土壤水盐入渗及分布试验方案。本试验采用全面试验设计,共 20 个处理,每个处理设置 3 组重复。

表 2-5　矿化度 – 周期数 – 循环率耦合条件下土壤水盐入渗及分布试验方案

处理	入渗水矿化度(g/L)	周期数(个)	循环率
1	0	2	1/2
2	0	2	1/3
3	0	3	1/2
4	0	3	1/3
5	1.75	2	1/2
6	1.75	2	1/3
7	1.75	3	1/2
8	1.75	3	1/3

续表 2-5

处理	入渗水矿化度（g/L）	周期数（个）	循环率
9	3	2	1/2
10	3	2	1/3
11	3	3	1/2
12	3	3	1/3
13	4	2	1/2
14	4	2	1/3
15	4	3	1/2
16	4	3	1/3
17	5	2	1/2
18	5	2	1/3
19	5	3	1/2
20	5	3	1/3

2.4.2　试验装置

本试验所采用装置为自制一维垂向土壤水盐入渗试验装置，具体结构组成与本章 2.3.2 节相同。

2.4.3　测定项目及方法

测定项目包括土壤湿润锋、累积入渗量、含水率及盐分，具体测定方法与本章 2.3.3 节相同。

2.5　灌溉方式－矿化度耦合条件下土壤水盐入渗及分布特征

2.5.1　试验设计

本试验主要进行矿化度（K）与灌溉方式（G）耦合条件下土壤水盐入渗及分布特性研究。其中，矿化度设置 5 个水平，分别为 K_0、$K_{1.75}$、K_3、K_4 和 K_5，分别代表 0、1.75 g/L、3 g/L、4 g/L 和 5 g/L；灌溉方式设 G_J 和 G_L 两个水平，分别为间歇灌溉和连续灌溉。表 2-6 为灌溉方式－矿化度耦合条件下土壤水盐入渗及分布试验方案。本试验采用全面试验设计，共 10 个处理，每个处理设置 3 组重复。

表2-6 灌溉方式-矿化度耦合条件下土壤水盐入渗及分布试验方案

序号	处理	灌溉方式	入渗水矿化度(g/L)	周期数(个)	循环率
1	G_JK_0		0		
2	$G_JK_{1.75}$		1.75		
3	G_JK_3	间歇灌溉	3	3	1/3
4	G_JK_4		4		
5	G_JK_5		5		
6	G_LK_0		0		
7	$G_LK_{1.75}$		1.75		
8	G_LK_3	连续灌溉	3	3	1/3
9	G_LK_4		4		
10	G_LK_5		5		

2.5.2 试验装置

本试验所采用装置为自制一维垂向土壤水盐入渗试验装置,具体结构组成与本章2.3.2节相同。

2.5.3 测定项目及方法

测定项目包括土壤湿润锋、累积入渗量、含水率及盐分,具体测定方法与本章2.3.3节相同。

2.6 灌溉方式-交替次序耦合条件下土壤水盐入渗及分布特征

2.6.1 试验设计

本试验主要进行灌溉方式(G)与交替次序(C)耦合条件下土壤水盐入渗及分布特性研究。其中,灌溉方式(G)设置G_J、G_L两个水平,分别代表间歇灌溉和连续灌溉;交替次序(C)设置C_{XD}、C_{DX}、C_{XDXD}和C_{DXDX}四个水平,分别代表咸淡、淡咸、咸淡咸淡、淡咸淡咸四种交替次序。本试验所采用的咸水矿化度为5.02 g/L,淡水矿化度为1.75 g/L。各个试验处理的总灌水量均控制在600 mL。在咸淡交替方案中,所使用的咸水和淡水总量相同,均为300 mL。在间歇灌溉方案中,间歇时间设置为30 min。本试验采用全面试验设计,共8个处理,每个处理设3组重复。表2-7为灌溉方式-交替次序耦合条件下土壤水盐入渗及分布试验方案。

表2-7　灌溉方式－交替次序耦合条件下土壤水盐入渗及分布试验方案

序号	处理	交替次序	灌溉方式
1	$G_L C_{XD}$	咸淡	
2	$G_L C_{DX}$	淡咸	连续灌溉
3	$G_L C_{XDXD}$	咸淡咸淡	
4	$G_L C_{DXDX}$	淡咸淡咸	
5	$G_J C_{XD}$	咸淡	
6	$G_J C_{DX}$	淡咸	间歇灌溉
7	$G_J C_{XDXD}$	咸淡咸淡	
8	$G_J C_{DXDX}$	淡咸淡咸	

2.6.2　试验装置

本试验所采用装置为自制一维垂向土壤水盐入渗试验装置,具体结构组成与本章 2.3.2 节相同。

2.6.3　测定项目及方法

测定项目包括土壤湿润锋、累积入渗量、含水率及盐分,具体测定方法与本章 2.3.3 节相同。

2.7　微咸水灌溉田间土壤水流运动及水盐分布特征

2.7.1　试验设计

2.7.1.1　连续灌溉田间土壤水流运动及水盐分布特征

本试验主要进行连续灌溉不同矿化度条件下田间土壤水流运动及水盐分布特性研究。其中,矿化度数设置 3 个水平,分别为 $K_{1.7}$、$K_{3.4}$ 和 $K_{5.1}$,分别代表 1.7 g/L、3.4 g/L 和 5.1 g/L。畦田长 60 m,坡度约为 0.2%,入畦单宽流量 2.22 L/s,相邻田块之间起垄,防止处理间的水分干扰。试验用水由当地咸水和淡水按比例混合配制而成。本试验采用单因素试验设计,共 3 个处理,每个处理设置 3 组重复。表2-8 为连续灌溉不同矿化度条件下微咸水田间灌溉试验方案。

表2-8　连续灌溉不同矿化度条件下微咸水田间灌溉试验方案

序号	处理	矿化度(g/L)
1	$K_{1.7}$	1.7
2	$K_{3.4}$	3.4
3	$K_{5.1}$	5.1

2.7.1.2　间歇灌溉田间土壤水流运动及水盐分布特征

本试验主要进行不同周期数及循环率条件下间歇灌溉田间土壤水流运动及水盐分布特性研究。其中,周期数设置 2 个水平,分别为 Z_2 和 Z_3,分别代表 2 个和 3 个;循环率设置 2 个水平,分别为 $X_{1/2}$ 和 $X_{1/3}$,分别代表 1/2 和 1/3。畦田长 60 m,坡度约为 0.2%,相邻田块之间起垄,防止处理间的水分干扰。入畦单宽流量 2.22 L/s,试验用水矿化度为 3.4 g/L。本试验采用单因素试验设计,共 3 个处理,每个处理设置 3 组重复。表 2-9 为不同周期数及循环率条件下微咸水间歇灌溉试验方案。

表 2-9　不同周期数及循环率条件下微咸水间歇灌溉试验方案

序号	处理	周期数(个)	循环率
1	$Z_2X_{1/2}$	2	1/2
2	$Z_2X_{1/3}$	2	1/3
3	$Z_3X_{1/2}$	3	1/2

2.7.2　测定项目及方法

2.7.1 节中两个试验方案所对应的测定项目及方法均相同,具体如下:试验开始前在畦埂上插标号小旗,每 5 m 一个标号小旗,以便于测定时测记田间水流前锋或尾锋的位置。以畦田进水时刻为起始时刻,用秒表计时,记录水流前锋到达某一位置时的时间,以便于绘制田间水流的推进曲线。当畦首停止供水时,测记田间水流的退水过程,记录水流尾锋到达某一位置的时刻,以便于绘制退水曲线。连续记录退水曲线时间与推进曲线时间,这样推进曲线与退水曲线可绘于一张图上,可清晰地了解田间各断面的受水入渗时间。灌水前后,沿畦长分别在距离畦首 2 m、10 m、30 m、50 m、60 m 处分 5 层取土,每层 20 cm,取土深度为 100 cm,测量土壤含水率与含盐量。

2.8　数据处理

采用 Microsoft Office 2019 软件进行数据处理,结果以 3 组重复样本的均值体现。数据样本统计学分析由 IBM SPSS Statistics 19 软件进行。t 配对样本检验中,显著水平为 0.05。数据样本绘图由 Origin 2020 软件完成。

第 3 章　连续灌溉条件下不同矿化度对土壤水盐入渗及分布特征影响

　　严重的淡水资源缺乏已经成为制约我国农业可持续发展的关键因素(仲轩野等,2019),如何科学利用微咸水资源已成为各国关注的热点问题(王全九等,2015),也是当今世界缓解水资源短缺危机的重要举措(吴忠东等,2005)。与传统的淡水资源不同,由于微咸水中含有大量盐分离子,当其进入土壤后会对土壤交换性盐基组成和离子比例平衡产生影响(刘秀梅等,2016),进而会改变水盐入渗和分布特性,最终可能会影响作物对水分吸收利用(宁松瑞等,2013)。为了进一步探明灌溉水矿化度对水盐入渗及分布特征影响,本章采用自制一维垂向土壤水盐入渗试验装置,对其水盐迁移分布动态过程进行监测,探究不同灌溉水矿化度对土壤湿润锋、累积入渗量、入渗率、吸湿率、含水率及电导率时空分布特征影响,为丰富微咸水灌溉理论提供重要支持。

3.1　矿化度对土壤水分入渗及分布特征影响

3.1.1　不同矿化度对土壤湿润锋的影响

　　图 3-1 为连续灌溉不同矿化度条件下土壤湿润锋动态特征。由图 3-1 可知,不同矿化度处理下土壤湿润锋随时间呈对数型增加趋势。当灌溉水矿化度由 K_0 增加到 $K_{1.75}$、K_2 和 K_3 水平时,土壤湿润锋最大推移距离能够分别增加 11.7%、20.8% 和 32.5%;当灌溉水矿化度由 K_3 增加到 K_4 和 K_5 水平时,土壤湿润锋最大推移距离能够分别减小 2.9% 和 7.8%。由此说明,当灌溉水矿化度适度增加时能够有助于促进土壤湿润锋推移,但当矿化度过度增加时将会对湿润锋推移产生抑制作用。为了进一步探明矿化度对湿润锋推移速度的影响,有必要对各处理下湿润锋达到各特征位置处的入渗时间进行对比分析。由图 3-1 可知,经 K_0、$K_{1.75}$、K_2、K_3、K_4 和 K_5 处理后湿润锋达到垂向 6 cm 特征位置的入渗时间分别为 63 min、58 min、51 min、34 min、39 min 和 45 min。这说明在 $K_0 \sim K_3$ 范围内,增加灌溉水矿化度能够有助于加快湿润锋推移速度,但在 $K_3 \sim K_5$ 范围内,增加灌溉水矿化度会对湿润锋推移速度产生抑制作用。综上所述,不同矿化度处理对湿润锋推移距离和推移速度影响均表现为: $K_3 > K_4 > K_5 > K_2 > K_{1.75} > K_0$。

　　为了进一步量化不同矿化度条件下土壤湿润锋动态特征,采用幂函数模型[式(3-1)]对其进行了定量描述,具体模型参数及精度如表 3-1 所示。由表 3-1 可知,不同矿化度处理下湿润锋幂函数模型决定系数 R^2 介于 0.993 4 ~ 0.998 1,R^2 平均值为 0.996 0,说明采用幂函数模型对不同矿化度处理下土壤湿润锋进行定量描述是合理可行的。在幂函数模型中,参数 a 和 b 分别反映了土壤湿润锋扩散系数和扩散指数。由表 3-1 可知,不同灌溉水矿化度对土壤湿润锋扩散系数和扩散指数存在一定程度影响,当灌溉水矿化度增加时,土

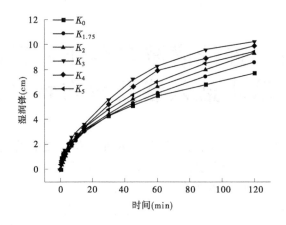

图 3-1　连续灌溉不同矿化度条件下土壤湿润锋动态特征

壤湿润锋扩散系数和扩散指数分别呈现 W 形和 M 形波动趋势。不同灌溉水矿化度处理下土壤湿润锋扩散系数和扩散指数差异分别为 1.87% ~ 41.23% 和 1.44% ~ 29.95% ,平均差异分别为 19.94% 和 11.33% ,说明不同灌溉水矿化度对土壤湿润锋扩散系数和扩散指数作用效果显著。

$$Z_f = at^b \tag{3-1}$$

式中:Z_f 为湿润锋推进距离,cm;t 为入渗时间,min;a 和 b 分别为土壤湿润锋扩散系数和扩散指数。

表 3-1　连续灌溉不同矿化度处理下湿润锋幂函数模型参数及精度

矿化度(g/L)	参数		决定系数 R^2
	a	b	
0	0.885 0	0.459 8	0.998 1
1.75	0.629 6	0.558 2	0.997 4
2	0.593 8	0.586 7	0.997 2
3	0.838 6	0.546 9	0.993 7
4	0.641 4	0.597 5	0.995 9
5	0.761 7	0.539 0	0.993 4

3.1.2　不同矿化度对土壤累积入渗量的影响

图 3-2 为连续灌溉不同矿化度条件下土壤累积入渗量动态特征。由图 3-2 可知,不同矿化度处理下土壤累积入渗量随时间呈对数型增加趋势。当灌溉水矿化度由 K_0 增加到 $K_{1.75}$、K_2 和 K_3 水平时,土壤最大累积入渗量能够分别增加 31.8%、50.3% 和 96.0%;当灌溉水矿化度由 K_3 增加到 K_4 和 K_5 水平时,土壤最大累积入渗量能够分别减小 10.7% 和 20.1%。由此说明,当灌溉水矿化度适度增加(K_0 ~ K_3)时能够有助于促进土壤水分入渗,但当矿化度过度增加(K_3 ~ K_5)时将会对土壤水分入渗产生抑制作用。为了进一步探

明不同灌溉水矿化度对土壤累积入渗量影响,有必要对累积入渗量达到同等水平时的入渗时间进行比较分析。由图 3-2 可知,经 K_0、$K_{1.75}$、K_2、K_3、K_4 和 K_5 处理后累积入渗量达到 450 mL 时的入渗时间分别为 100 min、63 min、42 min、25 min、32 min 和 35 min。这说明在 $K_0 \sim K_3$ 范围内,增加灌溉水矿化度能够有助于加快土壤水分入渗速度,但在 $K_3 \sim K_5$ 范围内,增加灌溉水矿化度会对土壤水分入渗速度产生抑制作用。综上所述,不同矿化度处理对土壤累积入渗量和速度影响均表现为:$K_3 > K_4 > K_5 > K_2 > K_{1.75} > K_0$。造成这种现象的原因可能是:当灌溉水矿化度适度增加时,会提高土壤盐含量,降低土壤颗粒间斥力,进而促使土壤粒子物理稳定性下降和大孔隙数量增加,从而提高土壤导水能力。在矿化度增加过程中,土壤 Na^+ 总量也会不断上升,这将导致胶体分散度加大、黏粒扩张作用明显,进而促使导水力减缓。矿化度对土壤水分入渗影响将取决于这两种正、负效应的相对大小。结合试验结果,当矿化度小于 K_3 时,矿化度增加引起的正效应大于 Na^+ 数目增加引起的负效应,土壤导水能力与矿化度呈正相关,表现为土壤入渗能力随矿化度增加而增强;当矿化度大于 K_3 时,矿化度增加引起的正效应小于 Na^+ 数目增加引起的负效应,土壤导水能力与矿化度呈负相关,表现为土壤入渗能力随矿化度增加而减弱。

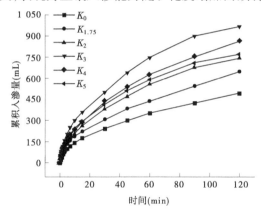

图 3-2 连续灌溉不同矿化度条件下土壤累积入渗量动态特征

为了进一步量化不同灌溉水矿化度条件下土壤累积入渗量动态变化特征,采用 Kostiakov 模型[式(3-2)]对其进行了定量描述,具体模型参数及精度如表 3-2 所示。由表 3-2 可知,不同灌溉水矿化度处理下土壤累积入渗量 Kostiakov 模型决定系数 R^2 介于 0.992 9 ~ 0.998 1,R^2 平均值为 0.995 9,说明采用 Kostiakov 模型对不同矿化度处理下土壤累积入渗过程进行定量描述是合理可行的。

$$I = kt^\alpha \tag{3-2}$$

式中:I 为累积入渗量,mL;α 为入渗指数,无因次;k 为入渗系数;t 为入渗时间,min。

在 Kostiakov 模型中,入渗系数 k 反映了土壤水分入渗开始后第一单位时段末时的累积入渗量,并且在数值上与该时段末入渗速度相等(陈琳等,2018)。入渗指数 α 能够反映土壤水分入渗能力的衰减速率(白瑞等,2020)。在不同的水分入渗阶段,入渗能力的主导因素会有差别,在初始阶段的土壤水分入渗能力大小取决于入渗系数 k,随着入渗时间推移,入渗指数 α 逐步成为影响土壤水分入渗能力的主导因素(钟韵等,2016)。因此,

表 3-2　连续灌溉不同矿化度条件下土壤累积入渗 Kostiakov 模型参数及精度

矿化度(g/L)	参数		决定系数 R^2
	k	α	
0	41.029	0.526 3	0.997 8
1.75	55.035	0.518 5	0.992 9
2	56.193	0.559 6	0.995 4
3	83.380	0.535 3	0.993 3
4	72.023	0.525 9	0.998 1
5	67.315	0.528 3	0.997 9

探究不同矿化度对入渗系数 k 和入渗指数 α 的影响,是深入认知土壤水分入渗特性的重要基础。由表 3-2 可知,当灌溉水矿化度由 K_0 增加到 $K_{1.75}$、K_2 和 K_3 水平时,土壤水分入渗系数 k 能够分别增加 34.1%、37.0% 和 103.2%;当灌溉水矿化度由 K_3 增加到 K_4 和 K_5 水平时,土壤水分入渗系数 k 能够分别减小 13.6% 和 19.3%。由此说明,当灌溉水矿化度增加时,土壤水分入渗系数会呈现"缓慢增加—急剧增加—缓慢减小"的变化趋势,即灌溉水矿化度适度增加($K_0 \sim K_3$)时有助于加速促进土壤水分初始入渗阶段的入渗速度,但矿化度过度增加($K_3 \sim K_5$)时则会对其产生抑制作用。由表 3-2 还可知,当灌溉水矿化度增加时,土壤水分入渗指数 α 整体上大致呈现先增后减的单峰型变化趋势。不同灌溉水矿化度处理下的土壤水分入渗指数 α 相差 0.1% ~7.9%,平均差异值为 2.9%,说明灌溉水矿化度对土壤水分入渗能力的衰减速率影响并不是非常显著。综上所述,在灌溉水矿化度 K_3 水平时的土壤初始入渗速度最快,入渗能力的衰减速率最大。

3.1.3　不同矿化度条件下土壤湿润锋和累积入渗量的关系

图 3-3 为连续灌溉不同矿化度条件下土壤湿润锋与累积入渗量关系。由图 3-3 可知,不同灌溉水矿化度处理下土壤湿润锋与累积入渗量构成的数据样本呈线性分布特征,且数据样本线性分布斜率与矿化度大小密切相关。为了进一步探明土壤湿润锋与累积入渗量之间的相互关系,采用一维代数入渗模型[式(3-3)](Wang 等,2003;王春霞等,2015)对其进行定量描述,获得的模型参数及精度如表 3-3 所示。由表 3-3 可知,不同矿化度条件下一维代数入渗模型的决定系数为 0.990 6 ~0.997 0,具有较高的拟合精度,说明采用一维代数入渗模型进行土壤湿润锋与累积入渗量关系描述是合理可行的。由表 3-3 可知,当灌溉水矿化度由 K_0 增加到 $K_{1.75}$、K_2 和 K_3 水平时,模型斜率 A 能够分别增加 23.0%、38.2% 和 54.8%;当灌溉水矿化度由 K_3 增加到 K_4 和 K_5 水平时,模型斜率 A 能够分别减小 9.2% 和 9.8%。由此说明,在 $K_0 \sim K_3$ 范围内,模型斜率 A 与灌溉水矿化度呈显著的正相关(相关系数 $R = 0.978$,$p < 0.05$);在 $K_3 \sim K_5$ 范围内,模型斜率 A 与灌溉水矿化度呈负相关(相关系数 $R = -0.891$),但未达到显著水平。结合基础土壤特性资料和 A 值,可进一步计算得到不同矿化度处理下综合形状系数 ∂。由表 3-3 可知,在 $K_0 \sim K_3$ 范围内,综合形状系数 ∂ 与灌溉水矿化度呈显著的负相关(相关系数 $R = -0.986$,$p < 0.05$);在

$K_3 \sim K_5$ 范围内,综合形状系数 ∂ 与灌溉水矿化度呈正相关(相关系数 $R = 0.894$);不同矿化度条件下综合形状系数 ∂ 差值小于 0.23%,说明灌溉水矿化度对综合形状系数影响并不显著。

$$I = AZ_f = \frac{\theta_s - \theta_i}{1 + \partial} Z_f \qquad (3\text{-}3)$$

式中:I 为累积入渗量,mL;A 为模型系数,反映线性模型斜率;Z_f 为湿润锋推进距离,cm;θ_s 为饱和含水率,cm^3/cm^3,可由试验测得结果为 0.435 cm^3/cm^3;θ_i 为初始含水率,cm^3/cm^3,可由试验测得结果为 0.036 cm^3/cm^3;∂ 为土壤水分特征曲线和非饱和导水率综合形状系数。

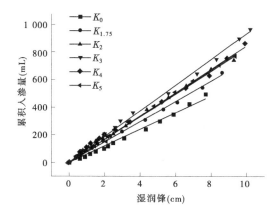

图 3-3　连续灌溉不同矿化度条件下土壤湿润锋与累积入渗量关系

表 3-3　连续灌溉不同矿化度条件下土壤水分一维代数入渗模型参数及精度

矿化度(g/L)	参数		决定系数 R^2
	A	∂	
0	60.339	-0.993 39	0.990 6
1.75	74.212	-0.994 62	0.995 3
2	83.411	-0.995 22	0.995 8
3	93.420	-0.995 73	0.996 3
4	84.830	-0.995 30	0.992 8
5	84.305	-0.995 27	0.997 0

3.1.4　不同矿化度对土壤入渗率的影响

图 3-4 为连续灌溉不同矿化度条件下土壤入渗率动态特征。由图 3-4 可知,不同矿化度处理下土壤入渗率随时间表现为"急剧降低—缓慢降低—趋于稳定"的动态变化趋势。这主要是由不同入渗阶段土壤基质势变化引起的(兰简琪等,2020):在初期阶

段——快速入渗阶段,试验所用风干土的含水率极低,较大的土壤基质势有利于土壤水分入渗,因此土壤水入渗速率非常大。在第二阶段——缓慢入渗阶段,随着入渗持续进行,土壤含水率逐步升高,土壤基质势呈现不断减小趋势,入渗率呈逐步减小趋势。在第三阶段——稳定入渗阶段,当入渗不断持续,并趋向于无限大时,土壤基质势会不断逼近于零,土壤入渗率逐步趋于某一稳定数值——稳定入渗率。经计算,经 K_0、$K_{1.75}$、K_2、K_3、K_4 和 K_5 处理后的土壤平均入渗率分别为 0.216 mL/s、0.289 mL/s、0.313 mL/s、0.455 mL/s、0.378 mL/s、0.349 mL/s。在 $K_0 \sim K_3$ 范围内,增加灌溉水矿化度有助于提高土壤水分入渗率;在 $K_3 \sim K_5$ 范围内,增加灌溉水矿化度将不利于土壤水分入渗。

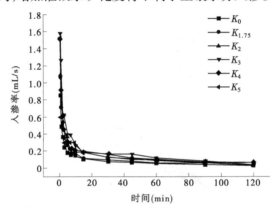

图3-4　连续灌溉不同矿化度条件下土壤入渗率动态特征

Green – Ampt 模型具有形式简单、物理含义明确等优点,在土壤入渗研究领域得到了广泛应用(刘静妍,2015),其表达式如式(3-4)和式(3-5)所示。当时间较短时,入渗率模型可简化为式(3-6)。本章采用 Green – Ampt 模型对不同矿化度处理下土壤水分入渗率进行量化描述,模型参数及精度如表3-4所示。

$$i = k_s \frac{h_0 + h_f + Z_f}{Z_f} \tag{3-4}$$

$$I = (\theta_s - \theta_i) Z_f \tag{3-5}$$

$$i = \frac{k_s \cdot h_f}{Z_f} \tag{3-6}$$

式中:i 为入渗率,cm/min;k_s 为土壤表征饱和导水率,cm/min;h_0 为土壤表面积水深度,cm;h_f 为湿润锋面吸力,cm;Z_f 为概化的湿润锋深度,cm;I 为累积入渗量,cm;θ_s 为土壤饱和含水率,cm^3/cm^3;θ_i 为土壤初始含水率,cm^3/cm^3。

表3-4　不同矿化度处理下土壤水分入渗 Green – Ampt 模型参数及精度

参数及精度	矿化度(g/L)					
	0	1.75	2	3	4	5
$k_s \cdot h_f$	0.403 8	0.430 9	0.439 2	0.910 5	0.642 3	0.570 3
R^2	0.970 2	0.993 2	0.988 3	0.988 9	0.950 2	0.960 8

由表3-4可知,不同矿化度处理下土壤水分入渗 Green – Ampt 模型决定系数 R^2 为 0.970 2 ~ 0.993 2,具有较好的模拟精度,说明采用该模型进行土壤水分入渗率量化研究是合理可行的。根据表3-4,并结合土壤水分扩散率基本定义[见式(3-7)](雷志栋等,1988)可知:在 K_0 ~ K_3 范围内,增加灌溉水矿化度能够有助于增加 $k_s \cdot h_f$,从而提高土壤水分扩散率,进而加速土壤水分入渗速率;在 K_3 ~ K_5 范围内,灌溉水矿化度增加时会引起 $k_s \cdot h_f$ 减小,从而降低土壤水分扩散率,进而减缓土壤水分入渗速率。

$$\overline{D} = \frac{k_s \cdot h_f}{\theta_s - \theta_i} \tag{3-7}$$

式中:$\overline{D}$ 为土壤水分扩散率,cm^2/min;k_s 为土壤表征饱和导水率,cm/min;h_f 为湿润锋面吸力,cm;θ_s 为土壤饱和含水率,cm^3/cm^3;θ_i 为土壤初始含水率,cm^3/cm^3。

3.1.5　不同矿化度对土壤吸湿率的影响

在积水入渗条件下,当入渗时间较短时,土体中水分入渗主要受土体基质吸力和积水高度影响,则土壤水分入渗动态可采用 Philip 模型进行描述(孙燕等,2019)。在 Philip 模型中,吸渗率 S 通常能够反映土壤依靠毛管力吸收水分能力(付秋萍等,2009a,2009b)。图3-5为连续灌溉不同矿化度条件下土壤累积入渗量与 $t^{1/2}$ 关系。表3-5为连续灌溉不同矿化度条件下土壤水分入渗 Philip 模型参数及精度。结合图3-5和表3-5可知,不同矿化度条件下累积入渗量与 $t^{1/2}$ 之间能够较好地符合线性关系(决定系数 R^2 = 0.995 8 ~ 0.999 6),线性模型的斜率能够反映吸渗率 S 大小;当灌溉水矿化度由 K_0 增加到 $K_{1.75}$、K_2 和 K_3 水平时,吸渗率 S 能够分别增加 29.3%、54.7% 和 107.2%;当灌溉水矿化度由 K_3 增加到 K_4 和 K_5 水平时,吸渗率 S 能够分别减小 14.8% 和 20.5%。这说明吸渗率 S 随灌溉水矿化度增加呈先增后减的变化趋势,表明土壤入渗能力随矿化度的增加而先增后减,这与累积入渗量及湿润锋对矿化度的响应特性一致。经统计学分析计算,结果表明不同矿化度处理间的吸渗率 S 存在显著的统计学差异($p < 0.05$)。

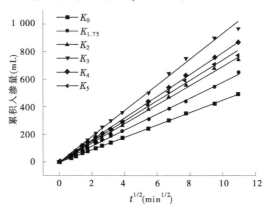

图3-5　连续灌溉不同矿化度条件下土壤累积入渗量与 $t^{1/2}$ 关系

$$I = St^{1/2} \tag{3-8}$$

式中:I 为累积入渗量,mL;S 为吸渗率 mL/min$^{1/2}$;t 为入渗时间,min。

表3-5　连续灌溉不同矿化度条件下土壤水分入渗 Philip 简化模型参数及精度

参数及精度	矿化度（g/L）					
	0	1.75	2	3	4	5
S	44.907	58.058	69.493	93.062	79.284	74.009
R^2	0.999 6	0.998 1	0.997 1	0.995 8	0.998 9	0.996 2

3.1.6　不同矿化度对土壤含水率的影响

图 3-6 为连续灌溉不同矿化度条件下土壤含水率一维垂向分布特征。由图 3-6 可知,不同矿化度处理后土壤含水率随土壤深度增加呈逐步递减的变化趋势,并在湿润锋附近发生突变型骤减,数值上接近土壤初始含水率。为了进一步明确不同矿化度处理对土壤含水率的影响,进行了数据样本统计学描述分析,结果如表 3-6 所示。结合图 3-6 和表 3-6可知,经 K_0、$K_{1.75}$、K_2、K_3、K_4 和 K_5 灌溉水矿化度处理后土壤含水率均值分别为 0.177 g/g、0.182 g/g、0.185 g/g、0.195 g/g、0.191 g/g 和 0.189 g/g,说明不同灌溉水矿化度处理后土壤含水率均值影响表现为:$K_3 > K_4 > K_5 > K_2 > K_{1.75} > K_0$。在 $K_0 \sim K_3$ 范围内增加灌溉水矿化度能够有助于提高土壤含水率,但当灌溉水矿化度持续增加至 $K_3 \sim K_5$ 范围内时,增加灌溉水矿化度会降低土壤含水率。不同灌溉水矿化度对土壤含水率极大值无显著影响。在 $K_0 \sim K_3$ 范围和 $K_3 \sim K_5$ 范围内,不同灌溉水矿化度处理后土壤含水率空间分布变异系数分别为 0.118 ~ 0.418 和 0.115 ~ 0.132,平均数值分别为 0.341 和 0.122,说明使用高矿化度水源进行灌溉有助于降低土壤含水率空间分布变异性。

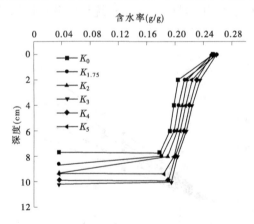

图 3-6　连续灌溉不同矿化度条件下土壤含水率一维垂向分布特征

表3-6 连续灌溉不同矿化度处理下土壤含水率统计特征值

处理	统计学指标				
	极小值	极大值	均值	标准差	变异系数
K_0	0.036	0.253	0.177	0.074	0.418
$K_{1.75}$	0.036	0.258	0.182	0.076	0.418
K_2	0.036	0.252	0.185	0.076	0.411
K_3	0.036	0.258	0.195	0.023	0.118
K_4	0.036	0.252	0.191	0.022	0.115
K_5	0.036	0.256	0.189	0.025	0.132

3.2 不同矿化度对土壤盐分运动及分布特征影响

图 3-7 为连续灌溉不同矿化度条件下土壤电导率一维垂向分布特征。由图 3-7 可知,经 K_0 灌溉水矿化度处理后土壤电导率随土壤深度增加呈递减趋势,但经 $K_{1.75}$、K_2、K_3、K_4 和 K_5 灌溉水矿化度处理后土壤电导率随土壤深度增加呈先增后减的变化趋势,电导率增加区域主要位于浅层 0 ~ 2 cm 土壤深度范围,电导率递减区域位于 2 cm 深度以下范围。表 3-7 为连续灌溉不同矿化度条件下土壤电导率统计特征值。由表 3-7 可知,经不同灌溉水矿化度处理后土壤电导率极小值、极大值和均值影响均表现为:$K_5 > K_4 > K_3 > K_2 > K_{1.75} > K_0$,灌溉水矿化度与土壤电导率极小值(相关系数 $R = 0.972$)、极大值(相关系数 $R = 0.962$)和均值(相关系数 $R = 0.992$)均呈现极显著的正相关($p < 0.01$)。结合土壤电导率数据样本和统计学分析计算,当矿化度由 K_0 分别增加到 $K_{1.75}$、K_2、K_3、K_4 和 K_5 时,土壤电导率均值分别增加 14.9%、23.9%、35.5%、50.6%、66.7%,说明灌溉水矿化度对土壤电导率具有极显著的正效应($p < 0.01$),并且灌溉水矿化度与土壤平均电导率间具有显著的线性关系(见图 3-8)。综上说明,当灌溉水矿化度越大时,土壤中盐分积累越严重。从土壤电导率空间变异性来看,不同灌溉水矿化度处理下的土壤电导率垂向变异系数表现为:$K_0 > K_{1.75} > K_2 > K_3 > K_5 > K_4$,总体来看灌溉水矿化度越大时,土壤电导率空间变异性越小。为了进一步定量化灌溉水矿化度对土壤电导率分布特征的影响,构建了不同灌溉水矿化度处理下土壤电导率垂向一维分布 $E_c(Z)$ 模型[式(3-9)],模型参数及精度如表 3-8 所示。由表 3-8 可知,不同处理下土壤电导率垂向一维分布 E_c 模型决定系数 R^2 介于 0.962 9 ~ 0.997 6,均值为 0.983 0,具有较高的拟合精度,说明采用土壤电导率垂向分布模型是合理可行的。

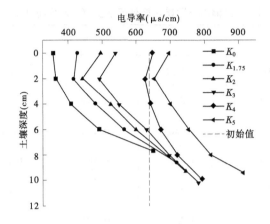

图 3-7　连续灌溉不同矿化度条件下土壤电导率一维垂向分布特征

表 3-7　连续灌溉不同矿化度条件下土壤电导率统计特征值

处理	统计学指标				
	极小值	极大值	均值	标准差	变异系数
K_0	355	651	453.80	122.76	0.27
$K_{1.75}$	417	719	521.60	124.70	0.24
K_2	444	745	562.20	116.67	0.21
K_3	493	781	615.00	108.99	0.18
K_4	626	793	683.33	62.88	0.09
K_5	654	914	756.67	95.64	0.13

$$E_c = a \cdot \exp(b \cdot |c - Z|) \qquad (3\text{-}9)$$

式中:E_c 为土壤电导率,μs/cm;Z 为土壤深度,cm;a、b 和 c 为模型系数。

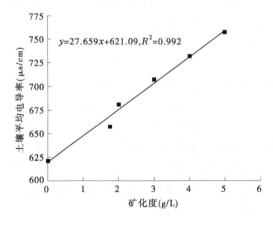

图 3-8　连续灌溉条件下土壤平均电导率与矿化度关系

表 3-8　连续灌溉不同矿化度处理下土壤电导率一维垂向分布模型参数及精度

矿化度(g/L)	参数			决定系数 R^2
	a	b	c	
0	310.961 2	0.108 8	1.217 6	0.962 9
1.75	384.376 7	0.084 5	1.272 6	0.996 9
2	442.243 6	0.069 1	1.689 9	0.997 6
3	488.820 6	0.056 1	1.742 4	0.997 5
4	603.113 6	0.035 0	2.528 3	0.966 3
5	637.244 8	0.047 2	2.196 5	0.976 7

在微咸水灌溉过程中,一方面会引起土壤盐分积累,另一方面也会伴随脱盐过程。由于水分淋洗作用,整个土壤湿润体可分为两个部分:脱盐区和积盐区。通过探究不同灌溉水矿化度与脱盐深度之间的关系,对微咸水科学灌溉和农作物合理栽培具有重要的指导意义。灌后土壤盐分高于初始盐分的区域为积盐区,灌后土壤盐分低于初始盐分的区域为脱盐区。由图 3-7 可知,经 K_0、$K_{1.75}$、K_2、K_3 和 K_4 处理后的积盐区分别为 $Z>7.5$ cm、$Z>7.2$ cm、$Z>6.9$ cm、$Z>6.2$ cm、$Z>3.5$ cm,经 K_5 处理后整个土体均处于积盐区,由此说明当灌溉水矿化度越高时,积盐区出现的土壤深度位置越浅,积盐范围也会越大;灌溉水矿化度越低时,对土壤盐分淋洗效果越好,脱盐区结束的土壤深度位置越深,脱盐范围也会越大。在实际应用中通常会根据湿润锋距离来判定土壤脱盐区范围,为增加研究成果的普遍适应性,特定义脱盐区深度系数这一概念,即脱盐区深度与湿润锋深度的比值(吕殿青,2000)。图 3-9 为连续灌溉不同矿化度条件下土壤脱盐区深度系数。由图 3-9 可知,土壤脱盐区深度系数随矿化度增加呈折线型下降趋势。经 K_0 和 K_5 灌溉水矿化度处理后的脱盐区深度系数分别达到极大值和极小值。不同矿化度处理后的土壤脱盐区深度系数间的差异为 $12.7\% \sim 100\%$,均值为 64.9%,矿化度对土壤脱盐区深度系数作用效果明显。

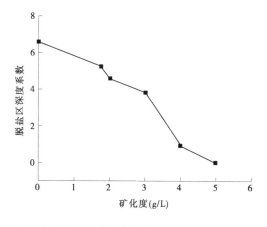

图 3-9　连续灌溉不同矿化度条件下土壤脱盐区深度系数

3.3 小 结

本章主要探究连续灌溉条件下灌溉水矿化度对土壤水入渗特性和水盐分布特性的影响,得出以下主要结论:

(1)不同矿化度处理下土壤湿润锋随时间呈对数型增加趋势,可采用幂函数模型进行描述。不同矿化度处理对土壤湿润锋推移距离大小表现为:$K_3 > K_4 > K_5 > K_2 > K_{1.75} > K_0$。

(2)不同矿化度处理下土壤累积入渗量随时间呈对数型增加趋势,可采用 Kostiakov 模型进行描述。不同矿化度处理对土壤累积入渗量影响表现为:$K_3 > K_4 > K_5 > K_2 > K_{1.75} > K_0$。

(3)不同矿化度处理下土壤湿润锋与累积入渗量之间均呈线性关系,可采用一维代数入渗模型进行量化描述。

(4)不同矿化度处理下土壤入渗率随时间表现为“急剧降低—缓慢降低—趋于稳定”的变化趋势,可采用 Green – Ampt 模型进行量化描述。

(5)不同矿化度条件下土壤水分入渗率 Philip 模型决定系数为 0.995 8 ~ 0.999 6,具有较好的模拟精度。灌溉水矿化度对 Philip 模型参数——吸渗率 S 影响表现为:$K_3 > K_4 > K_5 > K_2 > K_{1.75} > K_0$。

(6)不同矿化度条件下土壤含水率随土壤深度增加呈递减趋势,并在湿润锋附近发生突变型骤减,数值上接近土壤初始含水率。不同灌溉水矿化度对土壤含水率均值影响表现为:$K_3 > K_4 > K_5 > K_2 > K_{1.75} > K_0$,对土壤含水率极大值无显著影响。相较 $K_0 \sim K_3$ 范围的低矿化度灌溉水,$K_3 \sim K_5$ 范围的高矿化度灌溉水能降低土壤含水率空间变异性。

(7)除个别情况,不同灌溉水矿化度处理后土壤电导率随土壤深度增加呈先增后减趋势,可采用一维垂向分布 $E_c(Z)$ 模型进行量化描述。不同灌溉水矿化度对土壤电导率极小值、极大值和均值影响均表现为:$K_5 > K_4 > K_3 > K_2 > K_{1.75} > K_0$,对土壤电导率空间变异性表现为:$K_0 > K_{1.75} > K_2 > K_3 > K_5 > K_4$。灌溉水矿化度越高时,积盐区出现的土壤深度位置越浅,积盐范围也会越大。土壤脱盐区深度系数随矿化度增加呈折线型下降趋势。

第 4 章　矿化度 - 周期数 - 循环率耦合条件下土壤水盐入渗及分布特征

　　土壤水分间歇入渗研究始于 20 世纪 70 年代末,并在此基础上不断发展形成了一种节水型地面灌溉技术——波涌灌溉,又称为间歇灌溉、涌流灌溉(雪静等,2009)。波涌灌溉条件下的土壤入渗属于间歇入渗(吴军虎等,2003)。与连续入渗相比,间歇入渗条件下的土壤会经历干湿交替过程,导致土壤表层结构性状发生改变,进而影响土壤水分入渗能力(贾辉等,2007)。周期数及循环率是影响间歇灌溉效果的重要技术参数(严亚龙等,2015),其中灌水周期数是指完成一次灌溉全过程所需的循环次数(王春堂,2000),循环率是反映停水时间相对长短的参数(王春堂,1999)。改变灌溉水矿化度能够影响土壤交换性盐基组成和离子比例平衡(刘秀梅等,2016),进而影响水盐入渗和分布特性。本章采用矿化度 - 周期数 - 循环率耦合条件下土壤水分一维垂直入渗试验,对不同处理下土壤湿润锋、累积入渗量、入渗率、吸湿率、含水率及电导率进行监测,旨在探究灌溉水矿化度、周期数、循环率单因素及其多因素间耦合效应对土壤水盐入渗及分布特征的影响,为微咸水波涌灌溉技术参数的合理确定提供理论依据。

4.1　矿化度 - 周期数 - 循环率耦合条件下土壤水分运动特性

4.1.1　矿化度 - 周期数 - 循环率耦合条件下土壤湿润锋动态特征

4.1.1.1　矿化度单因素效应对土壤湿润锋的影响

　　图 4-1 为间歇灌溉不同矿化度条件下土壤湿润锋动态特征。由图 4-1 可知,不同矿化度条件下土壤湿润锋随时间呈现"对数增加—线性增加"的组合式变化特征。结合图 4-1(a)和图 4-1(b),在周期数 Z_2 条件下,经 K_0、$K_{1.75}$、K_3、K_4 和 K_5 灌溉水矿化度处理后土壤湿润锋会在 60 min 特征时刻分别出现 1.5 ~ 1.6 cm、1.9 ~ 2.4 cm、2.2 ~ 2.2 cm、1.5 ~ 2.0 cm 和 1.6 ~ 2.1cm 突增,说明湿润锋突增量与灌溉水矿化度大小存在一定关系,整体而言,突增量随灌溉水矿化度增加呈先增后减趋势。结合图 4-1(c)和图 4-1(d),在周期数 Z_3 条件下,经 K_0、$K_{1.75}$、K_3、K_4 和 K_5 灌溉水矿化度处理后土壤湿润锋会在 40 min 特征时刻分别出现 1.2 ~ 1.4 cm、1.3 ~ 1.5 cm、1.7 cm、1.4 ~ 2.2 cm 和 1.8 cm 突增,会在 80 min 特征时刻分别出现 0.5 ~ 0.6 cm、0.7 ~ 1.4 cm、0.9 ~ 1.3 cm、0.9 cm 和 0.7 ~ 1.4 cm 突增,整体而言,湿润锋突增量同样随矿化度增加呈先增后减趋势。经计算,在 40 min 特征时刻的湿润锋突增量会超过 80 min 特征时刻的湿润锋突增量 0.071 ~ 1.571 倍,平均数值为 0.872 倍,说明相较第二临界时刻(阶段 Ⅱ 和阶段 Ⅲ 临界处),第一临界时刻(阶段 Ⅰ 和阶段 Ⅱ 临界处)湿润锋突增量更为显著。由图 4-1 还可知,在任意周期数和循环率

组合条件下,在各湿润锋推移阶段不同矿化度处理后间歇灌溉土壤湿润锋曲线高低均表现为:$K_3 > K_4 > K_5 > K_{1.75} > K_0$。

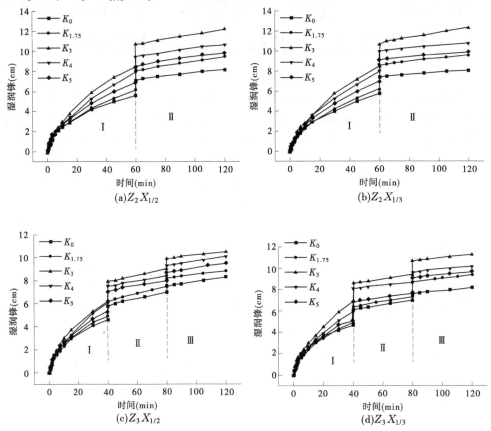

图4-1　间歇灌溉不同矿化度条件下土壤湿润锋动态特征

　　为了进一步深入揭示矿化度因素对间歇灌溉土壤湿润锋推移特性的影响,有必要对数据样本进行描述性统计分析。表4-1～表4-4为间歇灌溉不同矿化度条件下土壤湿润锋统计特征值。由表4-1～表4-4可知,在周期数和循环率一定时,经K_0、$K_{1.75}$、K_3、K_4和K_5间歇灌溉水矿化度处理后土壤湿润锋极大值为8.10～8.30 cm、8.80～9.60 cm、10.50～12.30 cm、10.10～10.80 cm和9.50～9.90 cm,土壤湿润锋均值为4.06～4.43 cm、4.44～4.74 cm、5.63～6.03 cm、5.18～5.38 cm和4.28～5.05 cm,说明间歇灌溉不同水矿化度对湿润锋极大值和均值两项统计学指标影响均表现为:$K_3 > K_4 > K_5 > K_{1.75} > K_0$。由此说明在适当范围($K_0 \sim K_3$)内增加灌溉水矿化度能够加快湿润锋垂向推移,但在较高范围($K_3 \sim K_5$)时增加灌溉水矿化度会对湿润锋推移产生抑制作用。经K_0、$K_{1.75}$、K_3、K_4和K_5间歇灌溉水矿化度处理后土壤湿润锋变异系数为0.64～0.76、0.67～0.79、0.68～0.80、0.70～0.82和0.68～0.86,均值为0.695、0.738、0.743、0.758和0.745,在整体上看来,间歇灌溉不同水矿化度对土壤湿润锋时间变异性影响表现为先促后抑,除个别情况外,大部分ZX组合条件下的土壤湿润锋时间变异性在K_4处理后最大。

表 4-1　间歇灌溉不同矿化度条件下土壤湿润锋统计特征值($Z_2X_{1/2}$)

处理	统计学指标				
	极小值	极大值	均值	标准差	变异系数
K_0	0	8.20	4.11	2.95	0.72
$K_{1.75}$	0	9.50	4.44	3.52	0.79
K_3	0	12.20	5.80	4.65	0.80
K_4	0	10.70	5.18	4.14	0.80
K_5	0	9.80	4.79	3.66	0.76

表 4-2　间歇灌溉不同矿化度条件下土壤湿润锋统计特征值($Z_2X_{1/3}$)

处理	统计学指标				
	极小值	极大值	均值	标准差	变异系数
K_0	0	8.10	4.06	3.07	0.76
$K_{1.75}$	0	9.60	4.72	3.75	0.79
K_3	0	12.30	6.03	4.80	0.80
K_4	0	10.80	5.18	4.24	0.82
K_5	0	9.90	4.28	3.66	0.86

表 4-3　间歇灌溉不同矿化度条件下土壤湿润锋统计特征值($Z_3X_{1/2}$)

处理	统计学指标				
	极小值	极大值	均值	标准差	变异系数
K_0	0	8.30	4.39	2.89	0.66
$K_{1.75}$	0	8.80	4.72	3.18	0.67
K_3	0	10.50	5.63	3.88	0.69
K_4	0	10.10	5.30	3.71	0.70
K_5	0	9.50	5.05	3.43	0.68

表 4-4　间歇灌溉不同矿化度条件下土壤湿润锋统计特征值($Z_3X_{1/3}$)

处理	统计学指标				
	极小值	极大值	均值	标准差	变异系数
K_0	0	8.20	4.43	2.84	0.64
$K_{1.75}$	0	9.40	4.74	3.30	0.70
K_3	0	11.30	6.01	4.06	0.68
K_4	0	10.20	5.38	3.80	0.71
K_5	0	9.70	4.99	3.39	0.68

　　为了便于进一步深入量化分析不同灌溉水矿化度对土壤湿润锋推移特性的影响,采用分段幂函数模型[式(4-1)]对其动态过程进行了量化描述,并对各灌溉水矿化度处理下模型参数进行了对比分析。表4-5～表4-8为间歇灌溉不同矿化度条件下土壤湿润锋分段量化模型参数及精度。由表4-5～表4-8可知,不同灌溉水矿化度处理下各分段模型决定系数 R^2 为0.990 3～0.999 4,平均值为0.995 4,说明采用分段幂函数模型进行不同灌溉水矿化度条件下土壤湿润锋推移动态模拟是合理可行的。在土壤湿润锋量化模型中,参数 a 和 b 分别为土壤湿润锋的扩散系数和扩散指数(张俊,2013),是表征土壤湿润锋推移的重要指标。当周期数和循环率一定时,在阶段Ⅰ内的土壤湿润锋扩散系数随矿化度增加呈W形波动变化趋势;在阶段Ⅱ内的土壤湿润锋扩散系数随矿化度增加呈"缓慢增加—快速增加—缓慢减小"趋势,并近似S形生长曲线;在阶段Ⅲ内的土壤湿润锋扩散系数随矿化度增加呈先增后减的单峰形变化趋势, K_3 水平时达到极大值。当周期数和循环率一定时,在阶段Ⅰ内的土壤湿润锋扩散指数随矿化度增加呈先线性增加后递减趋势,在 K_4 水平时达到极大值;在阶段Ⅱ内的土壤湿润锋扩散指数随矿化度增加呈近似正弦形波动趋势,并在 K_4 水平时达到极小值;在阶段Ⅲ内的土壤湿润锋扩散指数随矿化度增加整体呈先减后增的喇叭口形变化趋势,并在 K_3 水平时达到极小值。

$$Z_{f_i} = a_i t^{b_i} \tag{4-1}$$

式中: Z_{f_i} 为湿润锋推进距离,cm; a_i 和 b_i 分别为各阶段土壤湿润锋扩散系数和扩散指数(张俊,2013), i 取值为1、2和3时分别对应湿润锋推移阶段Ⅰ、阶段Ⅱ、阶段Ⅲ; t 为入渗时间,min。

表4-5　间歇灌溉不同矿化度条件下土壤湿润锋分段量化模型($Z_2X_{1/2}$)

推移阶段	参数及精度	矿化度(g/L)				
		0	1.75	3	4	5
阶段Ⅰ	a_1	0.883 6	0.675 7	0.737 3	0.630 3	0.858 1
	b_1	0.451 8	0.547 0	0.603 8	0.624 6	0.508 2
	R^2	0.997 9	0.990 5	0.998 9	0.997 9	0.990 3
阶段Ⅱ	a_2	3.158 2	3.211 1	4.923 1	4.557 9	3.719 6
	b_2	0.199 3	0.225 1	0.188 7	0.178 6	0.203 3
	R^2	0.991 7	0.993 3	0.995 9	0.995 1	0.993 7

表4-6　间歇灌溉不同矿化度条件下土壤湿润锋分段量化模型($Z_2X_{1/3}$)

推移阶段	参数及精度	矿化度(g/L)				
		0	1.75	3	4	5
阶段Ⅰ	a_1	0.687 6	0.519 4	0.652 3	0.593 7	0.670 9
	b_1	0.521 8	0.615 7	0.634 3	0.642 4	0.580 9
	R^2	0.999 4	0.990 8	0.994 5	0.994 0	0.994 7

续表 4-6

推移阶段	参数及精度	矿化度（g/L）				
		0	1.75	3	4	5
阶段 Ⅱ	a_2	4.308 9	4.445 2	4.913 5	6.360 6	5.522 9
	b_2	0.132 2	0.161 0	0.191 8	0.111 0	0.122 2
	R^2	0.994 8	0.998 8	0.992 1	0.994 8	0.997 4

表 4-7　间歇灌溉不同矿化度条件下土壤湿润锋分段量化模型（$Z_3 X_{1/2}$）

推移阶段	参数及精度	矿化度（g/L）				
		0	1.75	3	4	5
阶段 Ⅰ	a_1	0.861 1	0.692 8	0.730 3	0.575 8	0.822 8
	b_1	0.455 3	0.533 9	0.589 6	0.642 5	0.510 5
	R^2	0.992 5	0.996 2	0.993 3	0.997 6	0.996 0
阶段 Ⅱ	a_2	2.169 9	2.280 7	3.882 3	4.075 0	3.734 9
	b_2	0.267 2	0.271 1	0.191 2	0.164 9	0.173 7
	R^2	0.998 4	0.999 1	0.994 3	0.995 1	0.995 1
阶段 Ⅲ	a_3	2.500 6	3.880 8	5.307 3	3.802 5	3.286 7
	b_3	0.250 3	0.171 1	0.142 6	0.203 8	0.221 8
	R^2	0.998 4	0.997 4	0.997 5	0.998 2	0.998 4

表 4-8　间歇灌溉不同矿化度条件下土壤湿润锋分段量化模型（$Z_3 X_{1/3}$）

推移阶段	参数及精度	矿化度（g/L）				
		0	1.75	3	4	5
阶段 Ⅰ	a_1	0.899 1	0.703 9	0.840 8	0.606 9	0.824 6
	b_1	0.454 7	0.528 0	0.562 2	0.626 1	0.501 0
	R^2	0.991 7	0.997 5	0.991 4	0.991 9	0.992 5
阶段 Ⅱ	a_2	3.029 1	3.131 1	5.336 5	5.570 1	3.830 7
	b_2	0.190 9	0.193 0	0.128 5	0.101 6	0.158 5
	R^2	0.994 8	0.997 1	0.993 7	0.998 6	0.994 2
阶段 Ⅲ	a_3	3.398 3	3.865 5	6.002 2	5.050 2	4.626 5
	b_3	0.184 1	0.185 3	0.132 2	0.146 9	0.154 7
	R^2	0.997 3	0.991 6	0.997 5	0.997 5	0.997 4

4.1.1.2　周期数单因素效应对土壤湿润锋的影响

图 4-2 为间歇灌溉不同周期数条件下土壤湿润锋动态特征。由图 4-2 可知，不同周

期数条件下土壤湿润锋随时间呈现"对数增加—线性增加"的组合式变化特征。在周期数 Z_2 处理下,土壤湿润锋动态可分为两个阶段,阶段 Ⅰ :对数增加阶段;阶段 Ⅱ :线性增加阶段。在周期数 Z_3 处理下,土壤湿润锋动态可分为三个阶段,阶段 Ⅰ :对数增加阶段;阶段 Ⅱ :线性增加阶段;阶段 Ⅲ :线性增加阶段。相对 Z_2 处理,Z_3 处理后湿润锋阶段数增加,各阶段持续时间相应缩短。不同周期数处理后的土壤湿润锋动态过程在阶段 Ⅰ 时的差异并不明显,在阶段 Ⅱ 和阶段 Ⅲ 时处理间差异较为明显,且在不同 KX 组合下周期数对土壤湿润锋影响程度也各不相同。为了进一步探明周期数对土壤湿润锋影响程度,有必要对数据样本进行描述性统计分析。由表 4-1 ~ 表 4-4 可知,在循环率和矿化度一定时,除 $K_0X_{1/2}$ 和 $K_0X_{1/3}$ 处理外,在其余循环率和矿化度组合条件下,经 Z_3 处理后湿润锋极大值均高于 Z_2 处理,两者间相差 1.2% ~ 13.9% ,平均差异为 5.0% ,说明增加灌水周期数对土壤湿润锋极大值具有一定程度的促进作用。除 $K_3X_{1/2}$ 和 $K_3X_{1/3}$ 处理外,在其余矿化度和周期数组合条件下,经 Z_3 处理后湿润锋均值均高于 Z_2 处理,两者间相差 0.3% ~ 16.6% ,平均差异为 5.4% ,说明增加灌水周期数对土壤湿润锋均值具有一定程度的促进作用。整体而言,增加灌水周期能够一定程度降低土壤湿润锋的时间变异性。

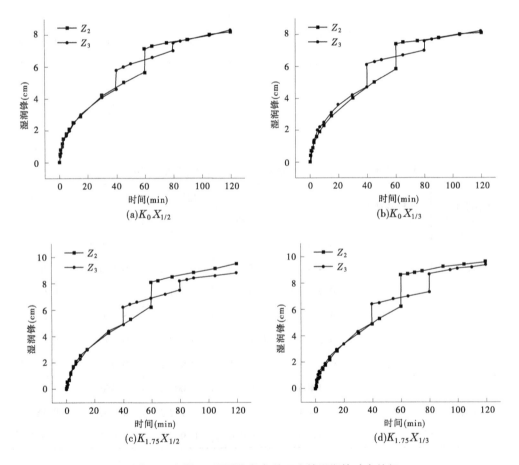

图 4-2　间歇灌溉不同周期数条件下土壤湿润锋动态特征

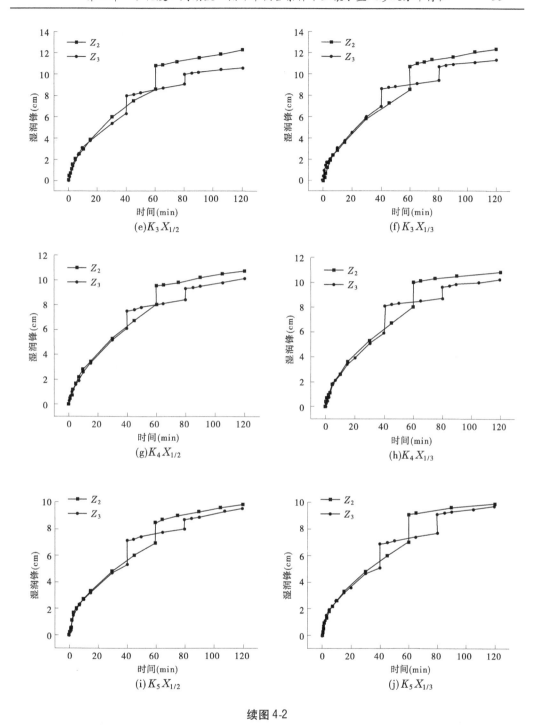

续图 4-2

为了进一步深入量化分析不同周期数对土壤湿润锋推移特性的影响,采用分段幂函数模型[式(3-1)]对其动态过程进行了量化描述,并对各周期数处理下湿润锋模型参数进行了对比分析。由表 4-5 ~ 表 4-8 可知,对于阶段 I:当在 $X_{1/2}$ 与任意矿化度组合条件下,灌溉周期数对扩散系数和扩散指数均无显著影响;而在 $X_{1/3}$ 与任意矿化度组合条件下,灌溉周期数由 Z_2 增加为 Z_3 时,能够促使扩散系数平均增加 24.1%,扩散指数平均降低 11.0%。对于阶段 II:在 $X_{1/3}K_3$ 和 $X_{1/2}K_5$ 组合下,灌溉周期数对扩散系数无显著影响,在其余 X 和 K 组合下,灌溉周期数由 Z_2 增加为 Z_3 时,能够促使扩散系数平均增加 24.3%。在 $X_{1/2}K_4$、$X_{1/3}K_4$ 和 $X_{1/2}K_3$ 组合下灌溉周期数 Z 对扩散指数无显著影响,在 $X_{1/3}K_3$ 和 $X_{1/2}K_5$ 组合下灌溉周期数 Z 与扩散指数呈负相关,在其余 X 和 K 组合下灌溉周期数由 Z_2 增加至 Z_3 时,扩散系数能平均增加 29.7%。综上所述,在不同 KX 组合条件下,土壤湿润锋扩散系数和扩散指数对灌溉周期数的响应程度各不相同。

4.1.1.3　循环率单因素效应对土壤湿润锋的影响

图 4-3 为间歇灌溉不同循环率条件下土壤湿润锋动态特征。由图 4-3 可知,不同循环率条件下土壤湿润锋均随时间呈现"对数增加—线性增加"的组合式变化特征。由图 4-3 可知,在 $K_{1.75}Z_2$ 和 $K_{1.75}Z_3$ 组合条件下,在湿润锋推移阶段 III 不同循环率处理对土壤湿润锋影响表现为:$X_{1/3} > X_{1/2}$。在 K_3Z_3 组合条件下,在湿润锋推移阶段 II 和阶段 III 不同循环率处理对土壤湿润锋影响同样表现为:$X_{1/3} > X_{1/2}$。除上述处理组合条件外,不同循环率对土壤湿润锋动态影响不明显。为了进一步探明循环率对土壤湿润锋影响程度,有

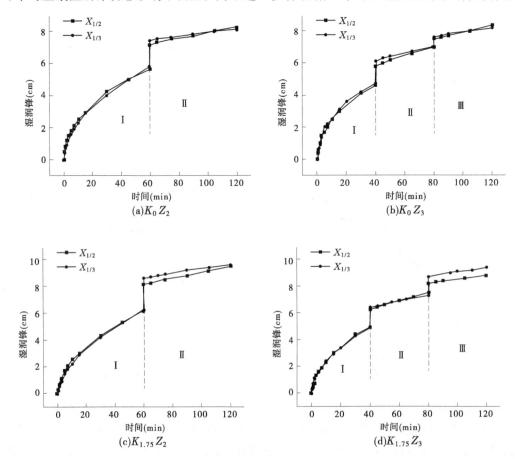

图 4-3　间歇灌溉不同循环率条件下土壤湿润锋动态特征

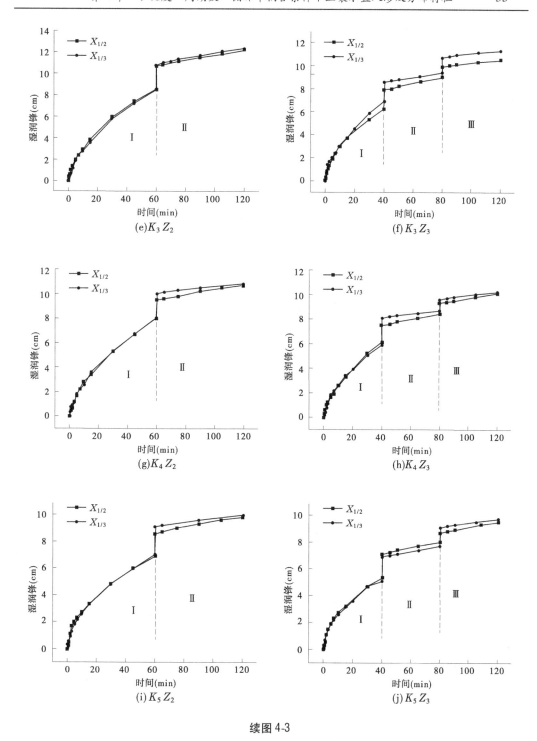

续图 4-3

必要对数据样本进行描述性统计分析。由表 4-1 ~ 表 4-4 可知,在周期数和矿化度一定时,除 $K_0 Z_2$ 和 $K_0 Z_3$ 处理外,在其余矿化度和周期数组合条件下,经 $X_{1/3}$ 处理后土壤湿润锋极大值均高于 $X_{1/2}$ 处理后的,两者间平均差异为 2.4%,说明在多数条件下降低循环率对湿润锋极大值具有促进作用,但作用效果并未达到显著水平。除 $K_0 Z_2$、$K_5 Z_2$ 和 $K_5 Z_3$ 处理外,在其余矿化度和周期数组合条件下,经 $X_{1/3}$ 处理后土壤湿润锋均值均高于 $X_{1/2}$ 处理后的,两者间平均值差异为 3.3%,说明在多数条件下降低循环率对湿润锋均值具有促进作用,但作用效果并未达到显著水平。整体而言,不同灌水循环率对土壤湿润锋时间变异性影响并不显著。

　　为了便于进一步深入量化分析不同循环率对土壤湿润锋推移特性的影响,采用分段幂函数模型对其动态过程进行了量化描述,并对各循环率处理下湿润锋模型参数进行了对比分析。由表4-5~表4-8可知,对于阶段Ⅰ:当在 Z_2 与任意矿化度组合条件下,经循环率 $X_{1/3}$ 处理后的扩散系数均小于 $X_{1/2}$ 处理后的结果,平均差异为 16.9%,但经 $X_{1/3}$ 处理后的扩散指数均高于 $X_{1/2}$ 处理后的结果,平均差异为 10.1%;在 Z_3 与任意矿化度组合条件下,不同循环率处理后的扩散系数表现为:$X_{1/3} > X_{1/2}$,而扩散指数表现为相反趋势。对于阶段Ⅱ:在 $Z_2 K_3$ 条件下,循环率对扩散系数影响表现为:$X_{1/2} > X_{1/3}$,而扩散指数表现为:$X_{1/3} > X_{1/2}$。在其余周期数和矿化度组合条件下,循环率由 $X_{1/2}$ 减小到 $X_{1/3}$ 时,能够使扩散系数平均增加 35.2%,扩散指数平均降低 30.8%。对于整体而言,循环率与扩散系数呈负相关,与扩散指数呈正相关。对于阶段Ⅲ:除 $Z_3 K_{1.75}$ 组合外,在其余周期数和矿化度组合条件下,循环率由 $X_{1/2}$ 减小到 $X_{1/3}$ 时,能够使扩散系数平均增加 30.6%,扩散指数平均降低 23.0%,说明循环率与扩散系数呈负相关,与扩散指数呈正相关。

4.1.1.4　矿化度－周期数－循环率耦合效应对土壤湿润锋的影响

　　由以上分析结果可知,在矿化度－周期数－循环率组合条件下土壤湿润锋对某一因素的响应结果各不相同,说明各因素之间对土壤湿润锋影响可能存在一定程度交互效应。表4-9为矿化度－周期数－循环率耦合条件下土壤湿润锋三因素方差分析结果。由表4-9可知,周期数 Z、矿化度 K 及两者间交互效应 $Z*K$ 对土壤湿润锋均值存在极显著影响($p < 0.01$),其余单因素及多因素耦合效应对土壤湿润锋均值作用效果不显著。由表4-9中Ⅲ类平方和计算结果可知,各个单因素及其多因素耦合效应对土壤湿润锋均值影响表现为:$K > Z > Z*K > X*K > X > Z*X*K > Z*X$。周期数 Z、矿化度 K、$Z*K$ 交互效应和 $X*K$ 交互效应对土壤湿润锋极大值存在极显著影响($p < 0.01$),其余单因素及多因素耦合效应对土壤湿润锋极大值作用效果无统计学差异。各个单因素及其多因素耦合效应对土壤湿润锋极大值影响表现为:$K > Z > X*K > Z*K > Z*X*K > Z*X > X$。

表4-9　矿化度－周期数－循环率耦合条件下土壤湿润锋三因素方差分析结果

来源	Z_f均值				Z_f极大值			
	Ⅲ类平方和	均方	F值	显著性	Ⅲ类平方和	均方	F值	显著性
Z	3.901	3.901	25.143	< 0.001**	0.630	0.630	17.940	< 0.001**
X	0.541	0.541	3.490	0.069	0.025	0.025	0.718	0.402
K	76.191	19.048	122.751	< 0.001**	18.570	4.643	132.126	< 0.001**
$Z*X$	0.254	0.254	1.634	0.209	0.039	0.039	1.110	0.298

续表 4-9

来源	Z_t均值				Z_t极大值			
	Ⅲ类平方和	均方	F 值	显著性	Ⅲ类平方和	均方	F 值	显著性
$Z * K$	3.471	0.868	5.592	0.001**	0.564	0.141	4.010	0.008**
$X * K$	0.561	0.140	0.904	0.471	0.570	0.142	4.055	0.007**
$Z * X * K$	0.309	0.077	0.498	0.737	0.191	0.048	1.361	0.265

注：(1)F 值是统计学中 F 检验的统计量；(2) ** 代表极显著水平($p < 0.01$)，余同。

4.1.2　矿化度－周期数－循环率耦合条件下土壤累积入渗量的影响

4.1.2.1　矿化度单因素效应对土壤累积入渗量的影响

图 4-4 为间歇灌溉不同矿化度条件下土壤累积入渗量动态特征。由图 4-4 可知，不同矿化度条件下土壤累积入渗量随时间呈现"对数增加—线性增加"的组合式变化特征。结合图 4-4(a)和图 4-4(b)，在周期数 Z_2 条件下，经 K_0、$K_{1.75}$、K_3、K_4 和 K_5 灌溉水矿化度处理后土壤累积入渗量会在 60 min 特征时刻分别出现 109.9 mL、224.1 ~ 243.35 mL、219.8 ~ 251.2 mL、172.7 ~ 219.8 mL 和 141.3 ~ 188.4 mL 突增，说明土壤累积入渗量突增量与灌溉水矿化度大小存在一定关系，整体而言，突增量随灌溉水矿化度增加呈先增后减趋势。结合图 4-4(c)和图 4-4(d)，在周期数 Z_3 条件下，经 K_0、$K_{1.75}$、K_3、K_4 和 K_5 灌溉水矿化度处理后土壤累积入渗量会在 40 min 特征时刻分别出现 94.2 ~ 117.75 mL、133.45 ~ 155.6 mL、172.7 ~ 180.55 mL、172.7 ~ 227.65 mL 和 149.15 ~ 157 mL 突增，会在 80 min 特征时刻分别出现 39.25 mL、70.65 ~ 117.75 mL、62.8 ~ 102.05 mL、70.65 ~ 78.5 mL 和54.95 ~ 117.75 mL 突增，整体而言，在各特征时刻处的累积入渗量突增量同样随矿化度增加呈先增后减趋势。经计算，在 40 min 特征时刻的累积入渗量突增量超 80 min 特征时刻的累积入渗量突增量 0.32 ~ 2.00 倍，平均 1.26 倍，说明相较第二临界时刻(阶段Ⅱ和阶段Ⅲ临界处)，第一临界时刻(阶段Ⅰ和阶段Ⅱ临界处)累积入渗量突增量更为显著。由图 4-4 还可知，在任意周期数和循环率组合条件下，在各水分入渗量阶段不同矿化度处理后间歇灌溉土壤累积入渗量曲线高低均表现为：$K_3 > K_4 > K_5 > K_{1.75} > K_0$。

为了进一步深入揭示矿化度因素对间歇灌溉土壤累积入渗量动态特性的影响，有必要对数据样本进行描述性统计分析。表 4-10 ~ 表 4-13 为间歇灌溉不同矿化度条件下土壤累积入渗量统计特征值。由表 4-10 ~ 表 4-13 可知，在周期数和循环率一定时，经 K_0、$K_{1.75}$、K_3、K_4 和 K_5 灌溉水矿化度处理后土壤累积入渗量极大值为 518.85 ~ 550.25 mL、707.25 ~ 799.3 mL、1 011.25 ~ 1 131.15 mL、891.35 ~ 948.45 mL 和 824.25 ~ 847.8 mL，土壤累积入渗量均值为 266.01 ~ 290.42 mL、375.6 ~ 397.22 mL、552.28 ~ 588.22 mL、450.93 ~ 482.33 mL 和 371.89 ~ 447.08 mL，在 $Z_2 X_{1/3}$ 组合条件下不同灌溉水矿化度对土壤累积入渗量均值影响表现为：$K_3 > K_4 > K_{1.75} > K_5 > K_0$，在其余 Z 和 X 组合条件下不同灌溉水矿化度对土壤累积入渗量均值和极大值影响均表现为：$K_3 > K_4 > K_5 > K_{1.75} > K_0$。整体而言，在适当范围 $K_0 ~ K_3$ 内增加灌溉水矿化度能够增加土壤水分累积入渗量，但在较高范围$K_3 \sim K_5$时增加灌溉水矿化度会对累积入渗量产生抑制作用。不同灌溉水矿化度处理后土壤累积入渗量变异系数平均差异为 5.147% , 说明不同灌溉水矿化度对土壤累积入渗量时间变异性具有一定程度的影响。

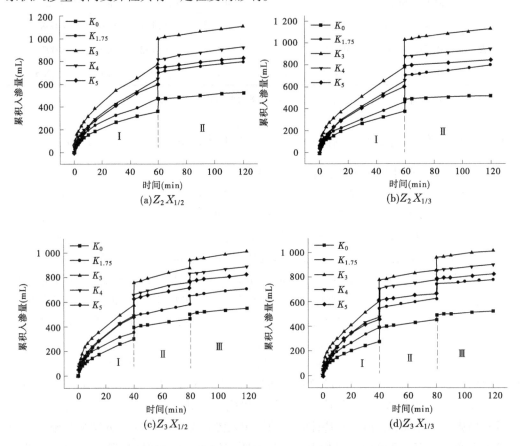

图4-4　间歇灌溉不同矿化度条件下土壤累积入渗量动态特征

表4-10　间歇灌溉不同矿化度条件下土壤累积入渗量统计特征值($Z_2 X_{1/2}$)

处理	统计学指标				
	极小值	极大值	均值	标准差	变异系数
K_0	0	524.55	266.01	190.44	0.72
$K_{1.75}$	0	795.75	375.60	295.18	0.79
K_3	0	1 109.75	557.04	408.61	0.73
K_4	0	924.90	450.93	345.44	0.77
K_5	0	830.70	409.93	314.85	0.77

表 4-11 间歇灌溉不同矿化度条件下土壤累积入渗量统计特征值($Z_2X_{1/3}$)

处理	统计学指标				
	极小值	极大值	均值	标准差	变异系数
K_0	0	518.85	271.01	192.78	0.71
$K_{1.75}$	0	799.30	389.52	297.88	0.76
K_3	0	1 131.15	588.22	422.41	0.72
K_4	0	948.45	454.48	358.34	0.79
K_5	0	847.80	371.89	313.80	0.84

表 4-12 间歇灌溉不同矿化度条件下土壤累积入渗量统计特征值($Z_3X_{1/2}$)

处理	统计学指标				
	极小值	极大值	均值	标准差	变异系数
K_0	0	550.25	290.42	194.35	0.67
$K_{1.75}$	0	707.25	375.73	244.62	0.65
K_3	0	1 011.25	552.28	357.62	0.65
K_4	0	891.35	477.71	318.74	0.67
K_5	0	824.25	447.08	300.79	0.67

表 4-13 间歇灌溉不同矿化度条件下土壤累积入渗量统计特征值($Z_3X_{1/3}$)

处理	统计学指标				
	极小值	极大值	均值	标准差	变异系数
K_0	0	525.95	279.85	184.62	0.66
$K_{1.75}$	0	783.60	397.22	283.19	0.71
K_3	0	1 015.55	554.77	352.07	0.63
K_4	0	904.90	482.33	328.62	0.68
K_5	0	826.40	437.19	292.28	0.67

为了便于进一步深入对比分析各因素及水平对土壤累积入渗量的影响,采用分段 Kostiakov 模型对其动态过程进行了量化描述,并对各灌溉水矿化度处理下模型参数进行对比分析。表 4-14～表 4-17 为间歇灌溉不同矿化度条件下土壤累积入渗量分段量化模型参数及精度。由表 4-14～表 4-17 可知,不同处理下各分段模型决定系数 R^2 为 0.990 5～0.999 6,平均值为 0.996 5,说明采用 Kostiakov 模型进行不同矿化度条件下结果分别表现为先减后增和先增后减再增。在土壤累积入渗量模型中,参数 k 和 α 分别为土壤入渗系数和入渗指数(刘利华等,2020),是表征土壤入渗特性的重要指标。当周期数和循环率一定时,在阶段 Ⅰ 内的土壤入渗系数随矿化度增加呈先增后减的单峰形变化趋势,不同矿

化度处理后土壤入渗系数大小表现为 $K_3 > K_4 > K_{1.75} > K_5 > K_0$;在阶段 II 和阶段 III 内的土壤入渗系数随矿化度增加呈先快速增加然后缓慢减小的变化趋势,不同矿化度处理后土壤入渗系数大小表现为 $K_3 > K_4 > K_5 > K_{1.75} > K_0$。整体来看,在 $K_0 \sim K_3$ 范围内增加灌溉水矿化度对入渗系数存在促进作用,但在 $K_3 \sim K_5$ 范围增加灌溉水矿化度会对入渗系数存在抑制作用,在 K_3 水平下的入渗系数达到极大值。当周期数和循环率一定时,在阶段 I 内,$Z_2X_{1/2}$ 和 $Z_2X_{1/3}$ 条件下土壤入渗指数随矿化度增加呈单调递增趋势,而在 $Z_3X_{1/2}$ 和 $Z_3X_{1/3}$ 条件下结果分别表现为先减后增和先增后减再增。在阶段 II 内,$Z_3X_{1/3}$ 条件下土壤入渗指数随矿化度增加呈单调递减趋势,在其他 Z 和 X 组合条件下增加矿化度对土壤入渗指数影响表现为先促后抑。在阶段 III 内,矿化度与入渗指数之间存在负相关,K_0 处理下入渗指数最大。

$$I_i = k_i t^{\alpha_i} \tag{4-2}$$

式中:I_i 为累积入渗量,mL;k_i 和 α_i 分别为入渗系数和入渗指数,i 取值为 1、2 和 3 时分别对应湿润锋推移阶段 I、阶段 II、阶段 III;t 为入渗时间,min。

表 4-14 间歇灌溉不同矿化度条件下土壤累积入渗量分段量化模型参数及精度($Z_2X_{1/2}$)

推移阶段	参数及精度	矿化度(g/L)				
		0	1.75	3	4	5
阶段 I	k_1	54.980	66.766	106.320	74.838	58.832
	α_1	0.459 3	0.471 1	0.480 8	0.517 8	0.573 6
	R^2	0.998 9	0.997 3	0.999 3	0.996 1	0.999 4
阶段 II	k_2	242.250	338.480	545.900	411.940	383.150
	α_2	0.161 8	0.178 9	0.148 0	0.168 5	0.161 0
	R^2	0.994 9	0.996 7	0.997 7	0.998 1	0.997 7

表 4-15 间歇灌溉不同矿化度条件下土壤累积入渗量分段量化模型参数及精度($Z_2X_{1/3}$)

推移阶段	参数及精度	矿化度(g/L)				
		0	1.75	3	4	5
阶段 I	k_1	55.885	65.240	107.910	75.015	61.611
	α_1	0.461 9	0.467 2	0.470 8	0.517 2	0.561 6
	R^2	0.998 7	0.997 0	0.995 7	0.994 9	0.997 5
阶段 II	k_2	333.640	335.260	591.510	557.830	537.740
	α_2	0.092 7	0.180 5	0.135 1	0.110 8	0.095 1
	R^2	0.995 7	0.994 5	0.997 0	0.998 8	0.998 9

表 4-16　间歇灌溉不同矿化度条件下土壤累积入渗量分段量化模型参数及精度 ($Z_3X_{1/2}$)

推移阶段	参数及精度	矿化度 (g/L)				
		0	1.75	3	4	5
阶段 I	k_1	47.365	69.009	112.000	76.853	64.951
	α_1	0.491 9	0.445 7	0.438 2	0.498 9	0.545 6
	R^2	0.991 8	0.999 0	0.996 2	0.997 4	0.999 5
阶段 II	k_2	169.810	193.310	348.930	324.020	318.090
	α_2	0.229 1	0.250 0	0.210 2	0.194 8	0.185 3
	R^2	0.994 6	0.993 4	0.998 3	0.996 3	0.996 3
阶段 III	k_3	195.050	267.670	419.770	375.340	367.070
	α_3	0.216 7	0.203 3	0.183 6	0.180 4	0.168 9
	R^2	0.997 2	0.997 3	0.996 0	0.998 1	0.999 6

表 4-17　间歇灌溉不同矿化度条件下土壤累积入渗量分段量化模型参数及精度 ($Z_3X_{1/3}$)

推移阶段	参数及精度	矿化度 (g/L)				
		0	1.75	3	4	5
阶段 I	k_1	53.052	60.737	112.430	75.335	60.483
	α_1	0.448 1	0.503 8	0.442 3	0.505 9	0.568 5
	R^2	0.999 6	0.997 3	0.991 4	0.997 7	0.991 8
阶段 II	k_2	177.060	272.710	459.370	436.760	385.030
	α_2	0.214 5	0.190 3	0.142 8	0.131 9	0.126 4
	R^2	0.994 9	0.996 0	0.995 9	0.995 0	0.998 2
阶段 III	k_3	259.580	424.590	520.450	486.850	477.980
	α_3	0.147 2	0.128 2	0.139 9	0.129 5	0.114 1
	R^2	0.991 9	0.994 8	0.997 5	0.997 5	0.990 5

4.1.2.2　周期数单因素效应对土壤累积入渗量的影响

图 4-5 为间歇灌溉不同周期数条件下土壤累积入渗量动态特征。由图 4-5 可知，不同周期数条件下土壤湿润锋随时间呈现"对数增加—线性增加"的组合式变化特征。在周期数 Z_2 处理下，土壤累积入渗量动态过程可分为两个阶段，阶段 I：对数增加阶段；阶段 II：线性增加阶段。在周期数 Z_3 处理下，土壤累积入渗量动态过程可分为三个阶段，阶段 I：对数增加阶段；阶段 II：线性增加阶段；阶段 III：线性增加阶段。相对于 Z_2 处理，Z_3 处理后湿润锋阶段数增加，各阶段持续时间相应缩短。不同周期数处理后的土壤累积入渗量动态过程在阶段 I 时差异并不明显，在阶段 II 和阶段 III 时处理间差异较为明显，且在不同 KX 组合下周期数对土壤累积入渗量影响程度也各不相同。

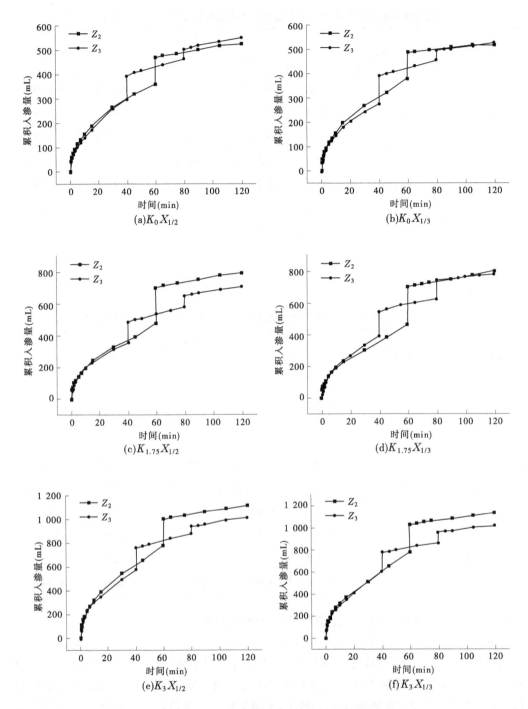

图 4-5　间歇灌溉不同周期数条件下土壤累积入渗量动态特征

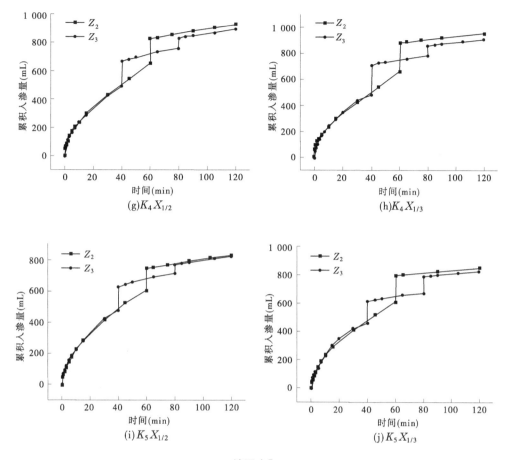

续图 4-5

为了进一步探明周期数对土壤累积入渗量的影响程度,有必要对数据样本进行描述性统计分析。由表 4-10 ~ 表 4-13 可知,在循环率和矿化度一定时,除 $K_0 X_{1/2}$ 和 $K_0 X_{1/3}$ 处理外,在其余循环率和矿化度组合条件下,经 Z_3 处理后累积入渗量极大值均小于 Z_2 处理后的,两者间平均差异为 5.5%,说明增加灌水周期数对土壤累积入渗量极大值具有一定程度的抑制作用。除 $K_3 X_{1/2}$ 和 $K_3 X_{1/3}$ 处理外,在其余矿化度和周期数组合条件下,经 Z_3 处理后累积入渗量均值均高于 Z_2 处理后的,两者间平均差异为 6.6%,说明增加灌水周期数对土壤累积入渗量均值具有一定程度的促进作用。整体而言,增加灌水周期能够一定程度降低土壤累积入渗量的时间变异性。为了进一步深入量化分析不同周期数对土壤累积入渗量推移特性影响,采用分段 Kostiakov 模型对其动态过程进行了量化描述,并对各周期数处理下累积入渗量模型参数进行了对比分析。由表 4-14 ~ 表 4-17 可知,对于阶段 I:在任意矿化度和循环率组合条件下,周期数对入渗系数和入渗指数作用效果均不明显。对于阶段 II:在任意矿化度和循环率组合条件下,当周期数由 Z_2 增加为 Z_3 时,入渗系数平均减小 28.5%,入渗指数平均增加 34.8%,说明周期数对入渗系数存在负效应,但对入渗指数存在正效应。

4.1.2.3　循环率单因素效应对土壤累积入渗量的影响

图 4-6 为间歇灌溉不同循环率条件下土壤累积入渗量动态特征。由图 4-6 可知,不

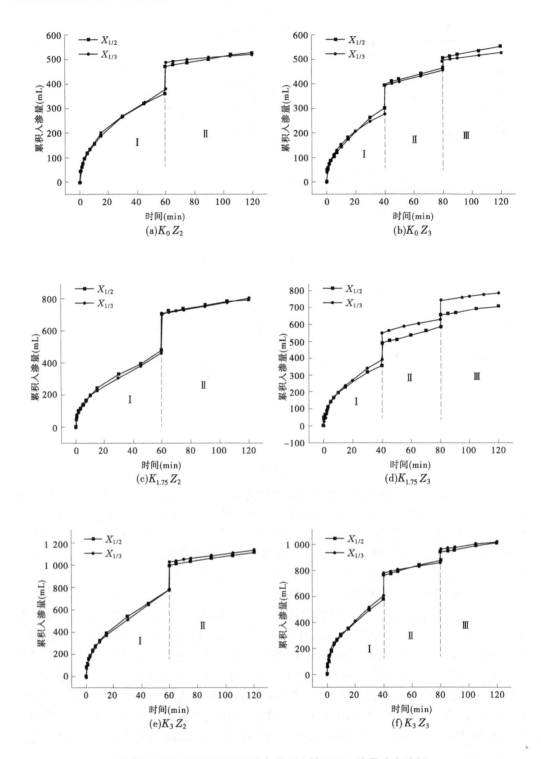

图4-6　间歇灌溉不同循环率条件下土壤累积入渗量动态特征

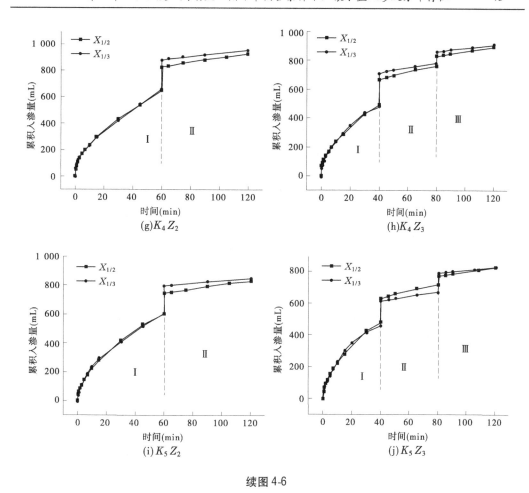

续图 4-6

同循环率条件下土壤累积入渗量均随时间呈现"对数增加—线性增加"的组合式变化特征。由图 4-6 可知,在 K_0Z_3 组合下阶段 Ⅱ 和阶段 Ⅲ 及 K_5Z_3 阶段 Ⅱ,经 $X_{1/2}$ 处理后土壤累积入渗量比 $X_{1/3}$ 处理后分别高 0.75 ~ 8.6 mL、8.6 ~ 24.3 mL、13.55 ~ 44.95 mL;在 $K_{1.75}Z_3$ 组合下阶段 Ⅱ 和阶段 Ⅲ、K_3Z_2 阶段 Ⅱ、K_4Z_2 阶段 Ⅱ、K_4Z_3 阶段 Ⅱ 和阶段 Ⅲ、K_5Z_2 阶段 Ⅱ,经 $X_{1/2}$ 处理后土壤累积入渗量比 $X_{1/3}$ 处理后分别低 60.65 ~ 76.35 mL、76.35 ~ 99.9 mL、21.4 ~ 29.25 mL、23.55 ~ 54.95 mL、17.1 ~ 48.5 mL、21.4 ~ 44.95 mL 和 13.55 ~ 29.25 mL。在其余 KZ 组合条件下,不同循环率处理的土壤累积入渗量动态过程较为接近。为了进一步探明循环率对土壤累积入渗量的影响程度,有必要对数据样本进行描述性统计分析。由表 4-10 ~ 表 4-13 可知,在周期数和矿化度一定时,除 K_0Z_2 和 K_0Z_3 处理外,在其余矿化度和周期数组合条件下,经 $X_{1/3}$ 处理后土壤累积入渗量极大值均高于 $X_{1/2}$ 处理后的,两者间平均值差异为 2.5%,说明在多数条件下降低循环率对累积入渗量极大值具有促进作用,但作用效果并未达到显著水平。除 K_0Z_3、K_5Z_2 和 K_5Z_3 处理外,在其余矿化度和周期数组合条件下,经 $X_{1/3}$ 处理后土壤累积入渗量均值均高于 $X_{1/2}$ 处理后的,两者间平均值差异为 2.7%,说明在多数条件下降低循环率对累积入渗量均值具有促进作用,但作用效果并未达到显著水平。整体而言,不同灌水循环率对土壤累积入渗量时间变异性影响并不显著。为了便于进一步深入量化分析不同循环率对土壤累积入渗量影响,采用分段

Kostiakov 模型对其动态过程进行了量化描述,并对各循环率处理下累积入渗量模型参数进行了对比分析。由表4-14 ~ 表4-17 可知,对于阶段Ⅰ:在任意周期数和矿化度组合条件下,不同循环率对入渗系数和入渗指数影响均不显著。对于阶段Ⅱ:除 $Z_2K_{1.75}$ 组合下循环率对入渗系数和入渗指数分别存在不显著的负效应和正效应外,其余 ZK 组合下循环率由 $X_{1/2}$ 降低为 $X_{1/3}$ 时,入渗系数平均增加28.3% ,入渗指数平均减小28.1% 。整体而言,循环率与入渗系数呈负相关,与入渗指数呈正相关。对于阶段Ⅲ:在任意周期数和矿化度组合条件下,循环率由 $X_{1/2}$ 减小到 $X_{1/3}$ 时,入渗系数平均增加35.1% ,入渗指数平均降低30.1% ,说明循环率与入渗系数呈负相关,与入渗指数呈正相关。

4.1.2.4 矿化度 – 周期数 – 循环率耦合效应对土壤累积入渗量的影响

由上述内容分析结果可知,在不同矿化度 – 周期数 – 循环率组合条件下土壤累积入渗量对某一因素的响应结果各不相同,说明各因素之间对土壤累积入渗量影响可能存在一定程度交互效应。表4-18 为矿化度 – 周期数 – 循环率耦合条件下土壤累积入渗量三因素方差分析结果。由表4-18 可知,周期数 Z 、矿化度 K 及两者间交互效应 $Z*K$ 对土壤累积入渗量均值和极大值均存在极显著影响($p < 0.01$),其余单因素及多因素耦合效应对土壤累积入渗量均值和极大值作用效果不显著。由Ⅲ类平方和计算结果可知,各个单因素及其多因素耦合效应对土壤累积入渗量均值影响表现为: $K > Z*K > Z > X*K > Z*X*K > X > Z*X$,对土壤累积入渗量极大值影响表现为: $K > Z*K > Z > Z*X*K > X*K > X > Z*X$ 。

表 4-18　矿化度 – 周期数 – 循环率耦合条件下土壤累积入渗量三因素方差分析结果

来源	I 均值				I 极大值			
	Ⅲ类平方和	均方	F 值	显著性	Ⅲ类平方和	均方	F 值	显著性
Z	3 837.600	3 837.600	11.204	0.002 **	22 867.680	22 867.680	15.988	<0.001 **
X	84.609	84.609	0.247	0.622	2 611.620	2 611.620	1.826	0.184
K	532 570.613	133 142.653	388.730	<0.001 **	1 884 692.086	471 173.022	329.431	<0.001 **
$Z*X$	8.370	8.370	0.024	0.877	22.143	22.143	0.015	0.902
$Z*K$	8 242.886	2 060.721	6.017	0.001 **	25 501.562	6 375.390	4.458	0.005 **
$X*K$	3 502.337	875.584	2.556	0.053	4 656.984	1 164.246	0.814	0.524
$Z*X*K$	1 428.940	357.235	1.043	0.397	4 674.141	1 168.535	0.817	0.522

注:F 值是统计学中 F 检验的统计量。

4.1.3　矿化度 – 周期数 – 循环率耦合条件下湿润锋和累积入渗量关系

图4-7 为矿化度 – 周期数 – 循环率耦合条件下土壤湿润锋与累积入渗量关系。由图4-7可知,不同矿化度 – 周期数 – 循环率耦合条件下土壤湿润锋与累积入渗量构成的数据样本呈线性分布特征,且数据样本线性分布斜率与矿化度、周期数及循环率的大小密切相关。为了进一步探明土壤湿润锋与累积入渗量之间的相互关系,采用线性模型 $I_{C1A}(Z_f)$ [式(4-3)]对其进行定量描述,获得的模型参数及精度如表4-19 所示。由表4-19 可知,不同矿化度 – 周期数 – 循环率耦合条件下湿润锋与累积入渗量所构成的线性模型的决定系数为 0.990 4 ~ 0.999 6,平均值为0.995 1,具有较高的拟合精度,说明采用线性模

型进行间歇灌溉土壤湿润锋与累积入渗量关系定量描述是合理可行的。

$$I = AZ_f \tag{4-3}$$

式中：I 为累积入渗量，mL；A 为模型系数，反映线性模型斜率；Z_f 为湿润锋推进距离，cm。

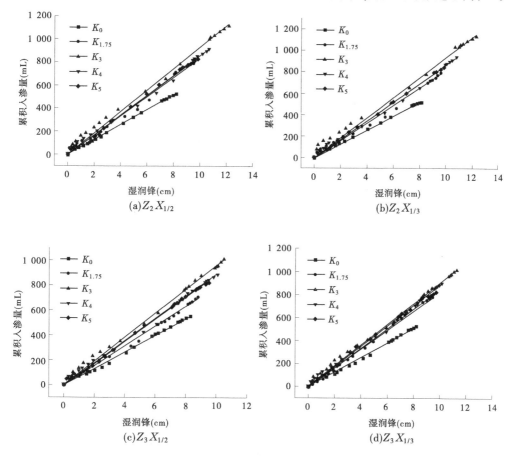

图 4-7 矿化度 – 周期数 – 循环率耦合条件下土壤湿润锋与累积入渗量关系

表 4-19 矿化度 – 周期数 – 循环率耦合条件下 $I_{CIA}(Z_f)$ 模型参数及精度

矿化度 (g/L)	参数							
	$Z_2X_{1/2}$		$Z_2X_{1/3}$		$Z_3X_{1/2}$		$Z_3X_{1/3}$	
	A	R^2	A	R^2	A	R^2	A	R^2
0	64.673	0.999 2	65.290	0.997 5	66.457	0.995 0	63.586	0.992 7
1.75	84.121	0.990 4	81.224	0.992 0	78.656	0.994 9	84.476	0.997 2
3	92.819	0.992 6	93.777	0.990 7	96.137	0.994 0	90.547	0.994 4
4	85.599	0.995 4	86.393	0.993 6	88.669	0.994 2	88.542	0.997 0
5	85.597	0.997 0	86.361	0.999 6	88.296	0.998 5	87.091	0.996 1

由表 4-19 可知，当灌溉水矿化度由 K_0 增加到 $K_{1.75}$ 和 K_3 水平时，模型斜率 A 能够分别增加 18.4% ～32.9% 和 42.4% ～44.7%；当灌溉水矿化度由 K_3 增加到 K_4 和 K_5 水平时，模

型斜率 A 能够分别减小 $2.2\% \sim 7.9\%$ 和 $3.8\% \sim 8.2\%$。由此说明,在 $K_0 \sim K_3$ 范围内,模型斜率 A 与灌溉水矿化度呈极显著的正相关(相关系数 $R = 0.987$,$p < 0.01$);在 $K_3 \sim K_5$ 范围内,模型斜率 A 与灌溉水矿化度呈极显著的负相关(相关系数 $R = -0.799$,$p < 0.01$)。由表 4-19 可知,不同循环率条件下模型斜率 A 差异为 $0.14\% \sim 7.40\%$,均值为 2.63%,说明循环率对模型斜率 A 影响不明显。由表 4-19 可知,不同周期数条件下模型斜率 A 差异为 $0.85\% \sim 6.50\%$,均值为 3.30%,说明周期数对模型斜率 A 影响不明显。表 4-20 为线性模型斜率三因素方差分析结果。由表 4-20 可知,除矿化度因素对线性方程斜率 A 存在极显著影响($p < 0.01$)外,其余单因素及多因素间耦合效应均对方程斜率 A 无显著影响。

表 4-20　矿化度-周期数-循环率耦合条件下 $I_{CIA}(Z_f)$ 模型斜率三因素方差分析结果

来源	$I_{CIA}(Z_f)$ 模型斜率 A			
	Ⅲ类平方和	均方	F 值	显著性
Z	6.417	6.417	0.582	0.450
X	5.021	2.511	0.228	0.797
K	3 925.112	981.278	89.015	<0.001 **
$Z*X$	32.522	16.261	1.475	0.241
$Z*K$	54.827	13.707	1.243	0.308
$X*K$	21.768	7.256	0.658	0.583
$Z*X*K$	69.293	23.098	2.095	0.116

注:F 值是统计学中 F 检验的统计量。

4.1.4　矿化度-周期数-循环率耦合条件下土壤入渗率动态特征

4.1.4.1　矿化度单因素效应对土壤入渗率的影响

图 4-8 为间歇灌溉不同矿化度条件下土壤入渗率动态特征。由图 4-8 可知,不同矿化度条件下土壤入渗率随时间呈现"急速下降—台阶式下降—缓慢下降并趋于稳定"的组合式变化特征。结合图 4-8(a)和图 4-8(b),在周期数 Z_2 条件下,经 K_0、$K_{1.75}$、K_3、K_4 和 K_5 灌溉水矿化度处理后土壤累积入渗量会在 60 min 特征时刻分别出现 $0.034\ 9 \sim 0.058\ 8$ mL/s、$0.053\ 4 \sim 0.083\ 9$ mL/s、$0.104\ 7 \sim 0.122\ 0$ mL/s、$0.004\ 4 \sim 0.106\ 9$ mL/s 和 $0.069\ 8 \sim 0.073\ 4$ mL/s 突减,说明入渗率突减量与灌溉水矿化度大小存在一定关系,整体而言,突减量随灌溉水矿化度增加呈先增后减趋势。结合图 4-4(c)和图 4-4(d),经计算,在周期数 Z_3 条件下,经 K_0、$K_{1.75}$、K_3、K_4 和 K_5 灌溉水矿化度处理后土壤累积入渗量会在 40 min 特征时刻分别出现 $0.026\ 1 \sim 0.027\ 8$ mL/s、$0.009\ 8 \sim 0.059\ 2$ mL/s、$0.068\ 7 \sim 0.121\ 0$ mL/s、$0.031\ 1 \sim 0.032\ 7$ mL/s 和 $0.029\ 4 \sim 0.032\ 7$ mL/s 突减,说明入渗率突减量同样随灌溉水矿化度增加呈先增后减趋势;在 80 min 特征时刻这一结果分别为 $0.009\ 8 \sim 0.018\ 0$ mL/s、$0.001\ 6 \sim 0.009\ 8$ mL/s、$0.004\ 9 \sim 0.017\ 4$ mL/s、$0.003\ 3 \sim 0.009\ 8$ mL/s 和 $0.003\ 3 \sim 0.007\ 1$ mL/s 突减,说明入渗率突减量整体上随灌溉水矿化度

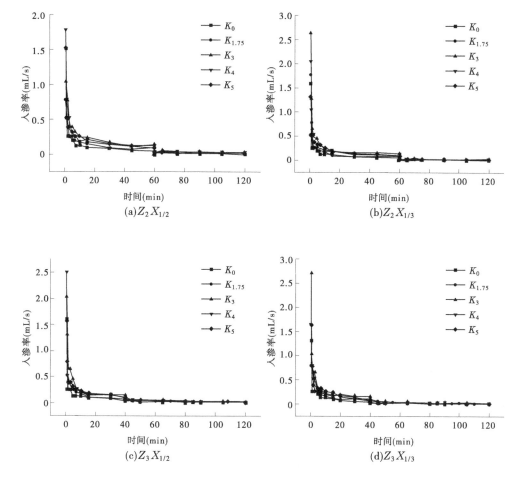

图 4-8　间歇灌溉不同矿化度条件下土壤入渗率动态特征

增加呈波动状变化趋势。经计算,40 min 特征时刻入渗率突变量是 80 min 特征时刻入渗率突变量的 1.00～36.07 倍,平均数值为 9.67 倍,说明相较第二临界时刻(阶段 Ⅱ 和阶段 Ⅲ 临界处),第一临界时刻(阶段 Ⅰ 和阶段 Ⅱ 临界处)入渗率突变量更为显著。

为了进一步深入揭示不同矿化度对间歇灌溉土壤入渗率动态特性的影响,有必要对数据样本进行描述性统计分析。表 4-21～表 4-24 为间歇灌溉不同矿化度条件下土壤入渗率统计特征值。由表 4-21～表 4-24 可知,在周期数和循环率一定时,增加灌溉水矿化度对入渗率极小值影响表现为先促进后抑制,并且在不同 ZX 组合下,矿化度 K 各试验设计水平对入渗率极小值影响大小排序存在较大差异。入渗率极大值随矿化度增加呈现 S 形波动趋势,在 $Z_2X_{1/2}$ 和 $Z_3X_{1/2}$ 组合条件下的入渗率极大值在 K_4 水平下为最高,在 $Z_2X_{1/3}$ 和 $Z_3X_{1/3}$ 组合条件下的入渗率极大值在 K_3 水平下为最高。在 $Z_2X_{1/2}$ 组合下不同矿化度对入渗率均值影响表现为:$K_3 > K_4 > K_5 > K_0 > K_{1.75}$,在其余 ZX 组合下这一结果表现为:$K_3 > K_4 > K_5 > K_{1.75} > K_0$。适当范围 $K_0～K_3$ 内增加灌溉水矿化度能够加速土壤水分平均入渗速率,但灌溉水矿化度增加过度($K_3～K_5$)时又会对其产生抑制作用。不同灌溉水矿化度处理后土壤入渗率变异系数差异为 0.8%～43.1%,均值为 18.6%,说明不同灌溉水矿化度对土壤入渗率时间变异性具有一定程度影响。

表 4-21　间歇灌溉不同矿化度条件下土壤入渗率统计特征值($Z_2 X_{1/2}$)

处理	统计学指标				
	极小值	极大值	均值	标准差	变异系数
K_0	0.009	1.523	0.201	0.366	1.821
$K_{1.75}$	0.012	0.785	0.191	0.220	1.152
K_3	0.018	1.047	0.300	0.343	1.143
K_4	0.015	1.785	0.299	0.440	1.472
K_5	0.014	1.523	0.256	0.363	1.418

表 4-22　间歇灌溉不同矿化度条件下土壤入渗率统计特征值($Z_2 X_{1/3}$)

处理	统计学指标				
	极小值	极大值	均值	标准差	变异系数
K_0	0.002	1.595	0.205	0.383	1.868
$K_{1.75}$	0.026	1.785	0.238	0.427	1.794
K_3	0.026	2.642	0.381	0.648	1.701
K_4	0.017	2.047	0.339	0.543	1.602
K_5	0.013	1.308	0.285	0.333	1.168

表 4-23　间歇灌溉不同矿化度条件下土壤入渗率统计特征值($Z_3 X_{1/2}$)

处理	统计学指标				
	极小值	极大值	均值	标准差	变异系数
K_0	0.016	1.595	0.166	0.347	2.090
$K_{1.75}$	0.017	1.595	0.199	0.351	1.764
K_3	0.026	2.047	0.324	0.517	1.596
K_4	0.026	2.498	0.267	0.546	2.045
K_5	0.017	1.570	0.236	0.368	1.559

表 4-24　间歇灌溉不同矿化度条件下土壤入渗率统计特征值($Z_3 X_{1/3}$)

处理	统计学指标				
	极小值	极大值	均值	标准差	变异系数
K_0	0.005	1.308	0.151	0.285	1.887
$K_{1.75}$	0.013	0.785	0.186	0.242	1.301
K_3	0.017	2.713	0.327	0.609	1.862
K_4	0.016 4	1.642	0.242	0.382	1.579
K_5	0.013 1	1.642	0.225	0.375	1.667

4.1.4.2　周期数单因素效应对土壤入渗率影响

图 4-9 为间歇灌溉不同周期数条件下土壤入渗率动态特征。由图 4-9 可知,不同周期数条件下土壤湿润锋随时间呈现"对数增加—线性增加"的组合式变化特征。根据灌溉周期数不同,可将土壤水分入渗率动态特征分为 2 ~ 3 个阶段。当灌溉周期数为 Z_2 时,土壤入渗率动态特征可分为两个阶段,阶段Ⅰ:0 ~ 60 min,指数型急速下降阶段;阶段Ⅱ:60 ~ 120 min,缓慢下降并趋于稳定阶段。同时,在阶段Ⅰ和阶段Ⅱ的临界特征时刻处(60 min)出现入渗率阶梯式下降。当灌溉周期数为 Z_3 时,土壤入渗率动态特征可分为 3 个阶段,(1)阶段Ⅰ:0 ~ 40 min,指数型急速下降阶段;(2)阶段Ⅱ:40 ~ 80 min,缓慢下降阶段;(3)阶段Ⅲ:80 ~ 120 min,趋于稳定阶段;且在阶段Ⅰ和阶段Ⅱ的临界特征时刻处(40 min)出现入渗率阶梯式下降。相对于 Z_2 处理,Z_3 处理后土壤入渗率动态过程中阶段数增加,各阶段持续时间相应缩短。为了进一步探明周期数对土壤入渗率的影响程度,有必要对数据样本进行描述性统计分析。由表 4-21 ~ 表 4-24 可知,在不同 XK 组合条件下周期数对入渗率统计学指标影响不相同。在 $X_{1/3}K_{1.75}$、$X_{1/3}K_3$ 和 $X_{1/3}K_4$ 条件下周期数由 Z_2 增加为 Z_3 时,入渗率极小值可平均减小 29.4%,其余 XK 组合下周期数由 Z_2 增加为 Z_3 时,入渗

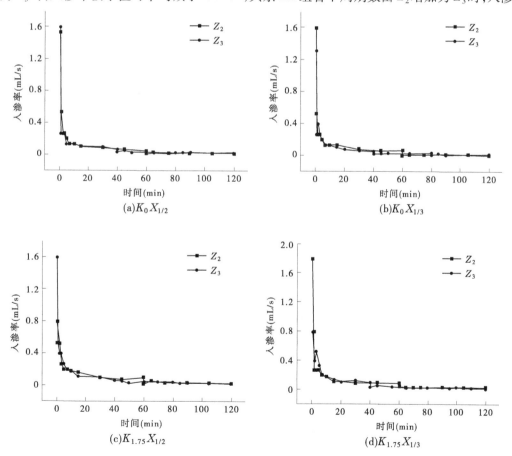

图 4-9　间歇灌溉不同周期数条件下土壤入渗率动态特征

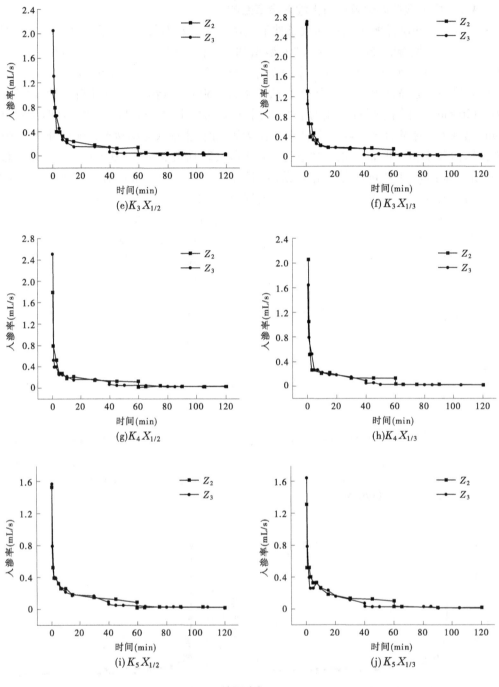

续图 4-9

率极小值可平均增加 58.5%。在 $X_{1/3}K_0$、$X_{1/3}K_{1.75}$ 和 $X_{1/3}K_4$ 条件下周期数由 Z_2 增加为 Z_3 时，入渗极大值可平均减小 31.3%，其余 XK 组合下周期数由 Z_2 增加为 Z_3 时，入渗率极大值可平均增加 39.2%。在 $X_{1/2}K_{1.75}$ 和 $X_{1/2}K_3$ 条件下周期数由 Z_2 增加为 Z_3 时，入渗率均值可平均增加 6.0%，其余 XK 组合下周期数由 Z_2 增加为 Z_3 时，入渗率均值可平均减小

11.2%。不同周期数条件下土壤入渗率时间变异系数平均差异为23.9%,周期数对入渗率时间变异性具有较为显著的影响。

4.1.4.3　循环率单因素效应对土壤入渗率影响

图4-10为间歇灌溉不同循环率条件下土壤入渗率动态特征。由图4-10可知,不同循环率条件下土壤入渗率均随时间呈现"对数增加—线性增加"的组合式变化特征。由图4-10可知,不同循环率处理条件下土壤入渗率动态曲线较为接近,为了进一步探明循环率对土壤入渗率的影响程度,有必要对数据样本进行描述性统计分析。由表4-21~表4-24可知,在不同 ZK 组合条件下循环率对入渗率统计学指标影响不相同。在 $Z_2K_{1.75}$、Z_2K_3 和 Z_2K_4 条件下循环率由 $X_{1/2}$ 降低为 $X_{1/3}$ 时,入渗率极小值可平均增加58.1%;其余 ZK 组合下循环率由 $X_{1/2}$ 降低为 $X_{1/3}$ 时,入渗率极小值可平均减小38.8%。在 Z_3K_0、$Z_3K_{1.75}$、Z_3K_4 和 Z_2K_5 组合条件下循环率由 $X_{1/2}$ 降低为 $X_{1/3}$ 时,入渗率极大值可平均减小29.3%;其余 ZK 组合下循环率由 $X_{1/2}$ 降低为 $X_{1/3}$ 时,入渗率极大值可平均增加56.0%。在 Z_3K_0、$Z_3K_{1.75}$、Z_3K_4 和 Z_3K_5 组合条件下循环率由 $X_{1/2}$ 降低为 $X_{1/3}$ 时,入渗率均值可平均减小7.4%,其余 ZK 组合下循环率由 $X_{1/2}$ 降低为 $X_{1/3}$ 时,入渗率均值可平均增加13.2%;

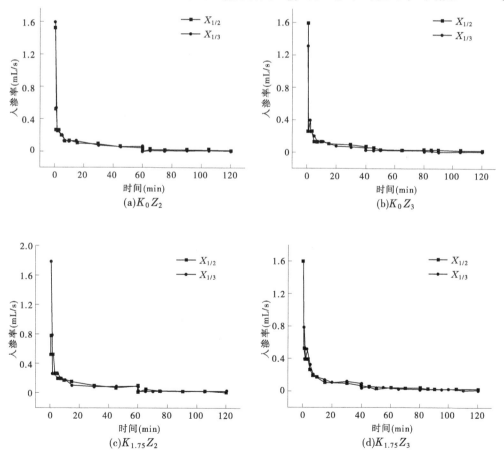

图4-10　间歇灌溉不同循环率条件下土壤入渗率动态特征

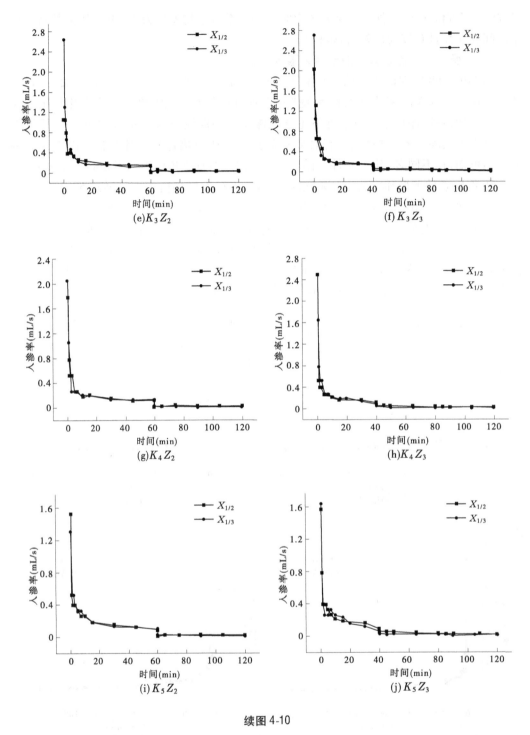

续图 4-10

不同循环率条件下土壤入渗率时间变异系数平均差异为 21.6%，循环率对入渗率时间变异性具有较为显著的影响。

4.1.4.4 矿化度－周期数－循环率耦合效应对土壤入渗率影响

由以上分析结果可知,在不同矿化度－周期数－循环率组合条件下土壤入渗率对某一因素的响应结果各不相同,说明各因素之间对土壤入渗率的影响可能存在一定程度交互效应。表4-25为矿化度－周期数－循环率耦合条件下土壤入渗率三因素方差分析结果。由表4-25可知,周期数Z、矿化度K、循环率X及其双因素及三因素耦合效应均对入渗率极小值和极大值存在极显著影响($p<0.01$),周期数Z、矿化度K及$Z*X$耦合效应对入渗率平均值存在极显著影响($p<0.01$),循环率X对入渗率平均值存在显著影响($p<0.05$)。由Ⅲ类平方和计算结果可知,各个单因素及其多因素耦合效应对土壤入渗率极小值影响表现为:$K>Z*X>X*K>Z*K>Z*X*K>X>Z$,对土壤入渗率极大值影响表现为:$K>X*K>Z*X>Z*X*K>Z*K>X>Z$,对土壤入渗率均值影响表现为:$K>Z>Z*X>Z*K>X*K>X>Z*X*K$。

表4-25 矿化度－周期数－循环率耦合条件下土壤入渗率三因素方差分析结果

来源	I极小值			I极大值			I均值		
	Ⅲ类平方和	F值	显著性	Ⅲ类平方和	F值	显著性	Ⅲ类平方和	F值	显著性
Z	3.154×10^{-5}	11.715	0.001**	0.275	8.013	0.007**	0.021	31.494	<0.001**
X	6.934×10^{-5}	25.755	<0.001**	0.337	9.806	0.003**	0.003	4.461	0.041*
K	1.293×10^{-3}	120.093	<0.001**	6.473	47.086	<0.001**	0.182	69.156	<0.001**
$Z*X$	4.293×10^{-4}	159.477	<0.001**	2.316	67.370	<0.001**	0.010	15.622	<0.001**
$Z*K$	1.805×10^{-4}	16.765	<0.001**	0.827	6.013	0.001**	0.005	1.741	0.160
$X*K$	3.107×10^{-4}	28.856	<0.001**	3.839	27.922	<0.001**	0.004	1.412	0.248
$Z*X*K$	1.496×10^{-4}	13.896	<0.001**	1.885	13.709	<0.001**	0.002	0.609	0.658

注:(1)F值是统计学中F检验的统计量;(2)*代表显著水平($p<0.05$),余同。

4.1.5 矿化度－周期数－循环率耦合条件下土壤吸湿率

结合间歇灌溉条件下土壤入渗实际情况和实测数据样本,对于入渗历时较短的阶段Ⅰ可采用philip模型$I_{CIA}(t)$[式(4-4)](孙燕等,2019)进行土壤吸湿率计算,而对于阶段Ⅱ和阶段Ⅲ适宜采用经典Philip入渗模型$I_{CIAJ}(t)$[式(4-5)](吴军虎等,2020)进行计算。

$$I_{CIA} = St^{1/2} \tag{4-4}$$

$$I_{CIAJ} = St^{1/2} + A \tag{4-5}$$

式中:I为累积入渗量,mL;S为吸渗率 mL/min$^{1/2}$;A为稳定入渗率 mL/min;t为入渗时间,min。

表 4-26 ~ 表 4-29 为矿化度–周期数–循环率耦合条件下土壤水分入渗 Philip 模型参数及精度。由表 4-26 ~ 表 4-29 可知，不同处理条件下累积入渗量与时间平方根之间能够较好地符合线性关系（决定系数 $R^2 = 0.9908 \sim 0.9997$，平均值 0.9949），线性模型的斜率能够反映吸渗率 S 大小，模型截距能够反映稳定入渗率 A 大小。由表 4-26 ~ 表 4-29 可知，当灌溉水矿化度由 K_0 增加到 $K_{1.75}$ 和 K_3 水平时，吸渗率 S 能够分别增加 $0.19 \sim 1.91$ 倍（均值 0.47）和 $0.28 \sim 2.12$ 倍（均值 0.97）；当灌溉水矿化度由 K_3 增加到 K_4 和 K_5 水平时，吸渗率 S 能够分别减小 $5.8\% \sim 30.7\%$（均值 17.7%）和 $18.5\% \sim 46.5\%$（均值 27.2%）。当 K_0 增加到 $K_{1.75}$ 和 K_3 水平时，Z_2 条件下阶段 Ⅱ 稳定入渗率 A 能够分别平均增加 0.30 倍和 1.06 倍，Z_3 条件下阶段 Ⅲ 稳定入渗率 A 能够分别平均增加 0.47 倍和 1.02 倍；当灌溉水矿化度由 K_3 增加到 K_4 和 K_5 水平时，Z_2 条件下阶段 Ⅱ 稳定入渗率 A 能够分别平均减小 15.9% 和 22.0%，Z_3 条件下阶段 Ⅲ 稳定入渗率 A 能够分别平均增加 9.6% 和 13.5%。综上说明，灌溉水矿化度适度增加时对吸渗率 S 和稳定入渗率 A 具有正效应，但矿化度增加过高时又会对其产生抑制作用。在周期数和矿化度一定时，阶段 Ⅰ 时循环率对吸渗率 S 影响平均差异为 2.0%。除 $Z_2 K_{1.75}$ 外，余 ZK 组合下阶段 Ⅱ 时减小循环率对吸渗率 S 影响表现为负效应，平均差异为 27.8%。在任意组合下阶段 Ⅲ 时循环率由 $X_{1/2}$ 减小为 $X_{1/3}$ 时，吸渗率 S 会平均降低 28.8%。在 $Z_2 K_{1.75}$ 组合条件下循环率对稳定入渗率存在不显著的负效应，其余 ZK 组合条件下循环率对稳定入渗率影响的平均差异为 19.2%。当周期数为 Z_3 时，在任意 ZK 组合条件下减小灌溉循环率均会对稳定入渗率 A 产生促进效应，平均增幅为 22.8%。由表 4-26 ~ 表 4-29 可知，在循环率和矿化度一定时，在 $X_{1/3} K_{1.75}$ 组合下阶段 Ⅰ 时周期数增加时会对吸渗率 S 存在 3.9% 的促进效应，在其余 XK 组合下周期数由 Z_2 增加为 Z_3 时，吸渗率 S 会平均下降 3.9%。在 $X_{1/3} K_{1.75}$ 组合下阶段 Ⅱ 时周期数增加时会对稳定入渗率 A 存在 2.0% 的抑制效应，在其余 XK 组合下周期数由 Z_2 增加为 Z_3 时，吸渗率 S 会平均增加 35.9%。

表 4-26　矿化度–周期数–循环率耦合条件下 $I_{CIA}(t)$ 及 $I_{CIAJ}(t)$ 模型参数及精度（$Z_2 X_{1/2}$）

推移阶段	参数及精度	矿化度（g/L）				
		0	1.75	3	4	5
阶段 Ⅰ	S_1	48.064	60.894	100.070	80.322	75.472
	R^2	0.9932	0.9951	0.9979	0.9956	0.9917
阶段 Ⅱ	S_2	17.402	28.957	33.764	31.811	27.530
	A_2	335.790	481.140	740.490	576.210	530.530
	R^2	0.994	0.9948	0.9979	0.9986	0.9985

表 4-27　矿化度–周期数–循环率耦合条件下 $I_{CIA}(t)$ 及 $I_{CIAJ}(t)$ 模型参数及精度($Z_2X_{1/3}$)

推移阶段	参数及精度	矿化度				
		0	1.75	3	4	5
阶段 I	S_1	49.358	58.760	98.578	80.831	75.575
	R^2	0.993 7	0.992 6	0.994 7	0.993 3	0.993 0
阶段 II	S_2	10.078	29.324	31.476	21.801	16.855
	A_2	410.250	476.000	786.080	710.250	663.650
	R^2	0.990 8	0.998 0	0.997 1	0.997 6	0.997 9

表 4-28　矿化度–周期数–循环率耦合条件下 $I_{CIA}(t)$ 及 $I_{CIAJ}(t)$ 模型参数及精度($Z_3X_{1/2}$)

推移阶段	参数及精度	矿化度				
		0	1.75	3	4	5
阶段 I	S_1	46.873	58.488	93.134	77.293	74.496
	R^2	0.992 2	0.991 2	0.991 8	0.995 2	0.995 5
阶段 II	S_2	25.902	35.315	45.410	36.455	32.736
	A_2	232.410	263.510	471.680	435.520	424.280
	R^2	0.993 8	0.996 1	0.999 6	0.992 3	0.992 2
阶段 III	S_3	22.985	27.822	36.106	31.270	27.105
	A_3	298.980	404.020	616.090	548.150	527.230
	R^2	0.996 1	0.995 8	0.996 9	0.999 3	0.999 7

表 4-29　矿化度–周期数–循环率耦合条件下 $I_{CIA}(t)$ 及 $I_{CIAJ}(t)$ 模型参数及精度($Z_3X_{1/3}$)

推移阶段	参数及精度	矿化度				
		0	1.75	3	4	5
阶段 I	S_1	45.368	61.049	95.487	76.748	73.936
	R^2	0.992 1	0.991 9	0.991 4	0.998 2	0.991 4
阶段 II	S_2	24.014	29.481	30.848	25.902	21.396
	A_2	239.390	364.930	584.060	547.810	479.200
	R^2	0.998 0	0.992 1	0.995 6	0.993 8	0.997 3
阶段 III	S_3	15.154	19.738	27.822	22.985	18.562
	A_3	359.520	568.430	712.320	653.630	622.280
	R^2	0.993 3	0.992 8	0.995 8	0.996 1	0.991 5

4.1.6 矿化度–周期数–循环率耦合条件下土壤含水率分布特征

4.1.6.1 矿化度单因素效应对土壤含水率分布的影响

图 4-11 为间歇灌溉不同矿化度条件下土壤含水率一维垂向分布特征。由图 4-11 可知,不同矿化度条件处理后土壤含水率随土壤深度增加呈逐步递减的变化趋势,并在湿润锋附近发生突变型骤减,数值上接近土壤初始含水率。由图 4-11 还可知,不同矿化度处理后土壤含水率在浅层土壤($0\sim2$ cm)较为接近,且各个处理间差异随着土壤深度增加会呈现逐渐变大趋势。不同矿化度处理后土壤含水率达到相同水平时所对应的土壤深度表现为:$K_3>K_4>K_5>K_{1.75}>K_0$,说明土壤含水率相对高值区深度位置随灌溉水矿化度增加呈先增后减趋势。整体而言,在同一土壤深度位置处,经不同矿化度处理后土壤含水率数值大小表现为:$K_3>K_4>K_5>K_{1.75}>K_0$,说明适度增加($K_0\sim K_3$)灌溉水矿化度能够提高土壤含水率,但灌溉水矿化度过高($K_3\sim K_5$)时又会对其产生抑制作用。

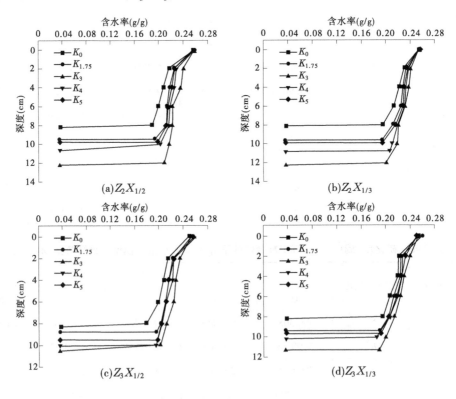

图 4-11　间歇灌溉不同矿化度条件下土壤含水率一维垂向分布特征

为了进一步明确不同矿化度对土壤含水率的影响,对数据样本进行了统计学描述分析。表 4-30 ~ 表 4-33 为间歇灌溉不同矿化度条件下土壤含水率统计特征值。结合表 4-30~表 4-33 可知,土壤含水率极大值随灌溉水矿化度增加呈现上下波动状变化趋势,且不同矿化度处理后土壤含水率极大值差异均小于 4.0%,说明灌溉水矿化度对土壤含水率极大值影响较小。由表 4-30~表 4-33 还可知,不同矿化度处理后土壤含水率均值差异为 0~10.8%(均值 3.9%),且土壤含水率均值整体上随灌溉水矿化度增加呈先增后减的变化趋势。在 $Z_3X_{1/2}$ 条件下,土壤含水率垂向空间变异系数整体上随矿化度增加呈递减趋势,在其余 ZX 组合条件下,矿化度对土壤含水率垂向空间变异性影响表现为先减后增的喇叭口形变化趋势。

表 4-30　间歇灌溉不同矿化度条件下土壤含水率统计特征值($Z_2X_{1/2}$)

处理	统计学指标				
	极小值	极大值	均值	标准差	变异系数
K_0	0.036	0.258	0.185	0.076 6	0.414
$K_{1.75}$	0.036	0.256	0.194	0.072 1	0.372
K_3	0.036	0.258	0.205	0.070 0	0.341
K_4	0.036	0.259	0.198	0.073 6	0.372
K_5	0.036	0.256	0.195	0.072 5	0.372

表 4-31　间歇灌溉不同矿化度条件下土壤含水率统计特征值($Z_2X_{1/3}$)

处理	统计学指标				
	极小值	极大值	均值	标准差	变异系数
K_0	0.036	0.254	0.192	0.078 7	0.410
$K_{1.75}$	0.036	0.254	0.197	0.073 5	0.373
K_3	0.036	0.256	0.206	0.070 5	0.342
K_4	0.036	0.253	0.204	0.069 3	0.340
K_5	0.036	0.258	0.200	0.074 8	0.374

表 4-32　间歇灌溉不同矿化度条件下土壤含水率统计特征值($Z_3X_{1/2}$)

处理	统计学指标				
	极小值	极大值	均值	标准差	变异系数
K_0	0.036	0.249	0.181	0.074 5	0.412
$K_{1.75}$	0.036	0.258	0.192	0.071 4	0.372
K_3	0.036	0.253	0.198	0.073 4	0.371
K_4	0.036	0.259	0.193	0.072 2	0.374
K_5	0.036	0.253	0.191	0.070 9	0.371

表 4-33　间歇灌溉不同矿化度条件下土壤含水率统计特征值($Z_3 X_{1/3}$)

处理	统计学指标				
	极小值	极大值	均值	标准差	变异系数
K_0	0.036	0.253	0.188	0.077 1	0.410
$K_{1.75}$	0.036	0.259	0.193	0.072 4	0.375
K_3	0.036	0.252	0.198	0.068 4	0.345
K_4	0.036	0.252	0.193	0.072 2	0.374
K_5	0.036	0.251	0.194	0.072 1	0.372

4.1.6.2　周期数单因素效应对土壤含水率分布的影响

图 4-12 为间歇灌溉不同周期数条件下土壤含水率一维垂向分布特征。由图 4-12 可知,不同周期数条件处理后土壤含水率随土壤深度增加呈逐步递减的变化趋势,并在湿润锋附近发生突变型骤减,数值上接近土壤初始含水率。由图 4-12 还可知,在 $K_0 X_{1/2}$ 和 $K_{1.75} X_{1/2}$ 条件下经不同周期数处理后土壤含水率垂向分布特征一致,并且在数值大小方面也较为接近;在其余 KX 组合条件下,不同周期数处理后土壤含水率达到相同水平时所对应的土壤深度表现为 $Z_2 > Z_3$,说明周期数越小时有利于促进土壤含水率高值区向深层土壤下移。在同一深度位置处,经不同周期数处理后土壤含水率数值大小表现为 $Z_2 > Z_3$,说明周期数越小时会导致土壤含水率越高。不同周期数处理后土壤含水率在浅层土壤($0 \sim 2$ cm)较为接近,并且各周期数处理后的土壤含水率差异会随着土壤深度增加呈现逐渐变大趋势。

为了进一步明确不同周期数对土壤含水率的影响,对数据样本进行了统计学描述分析。结合表 4-30 ~ 表 4-33 可知,在 $X_{1/2} K_{1.75}$ 和 $X_{1/3} K_{1.75}$ 条件下增加周期数对土壤含水率极大值存在 0.8% 和 2.0% 的正效应,在 $X_{1/2} K_4$ 条件下改变周期数对土壤含水率极大值无影响,在其余 XK 组合下增加周期数对土壤含水率极大值存在 0.4% ~ 3.5% 的负效应。在任意 XK 组合条件下增加周期数对土壤含水率均值存在负效应,不同周期数处理间的土壤含水率均值差异为 1.0% ~ 5.4%,均值为 2.8%。在 $X_{1/2} K_0$、$X_{1/2} K_5$ 和 $X_{1/3} K_5$ 条件下增加周期数对土壤含水率空间变异性存在 0.48%、0.27% 和 0.53% 的负效应,在 $X_{1/2} K_{1.75}$ 和 $X_{1/3} K_0$ 条件下改变周期数对土壤含水率空间变异性无影响,在其余 XK 组合下增加周期数对土壤含水率空间变异性存在 0.54% ~ 10.00%(均值 4.15%)的正效应。

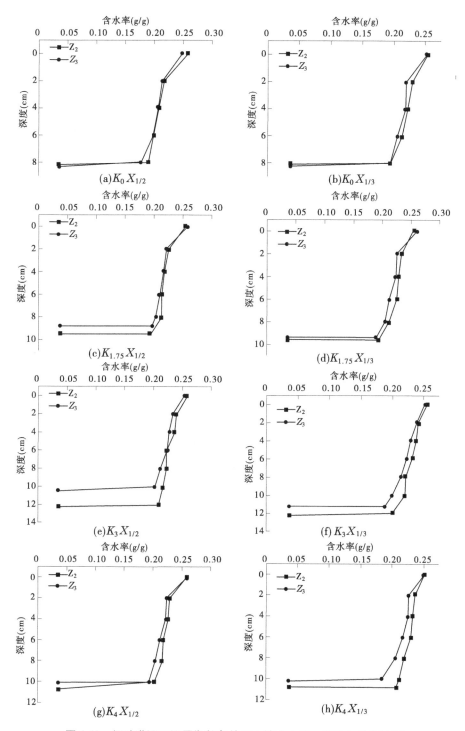

图 4-12　间歇灌溉不同周期数条件下土壤含水率一维垂向分布特征

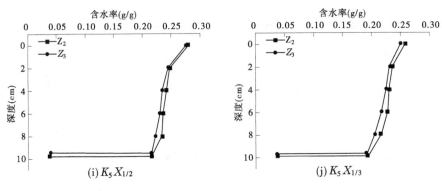

续图 4-12

4.1.6.3　循环率单因素效应对土壤含水率分布的影响

图 4-13 为间歇灌溉不同循环率条件下土壤含水率一维垂向分布特征。由图 4-13 可知,不同循环率条件处理后土壤含水率随土壤深度增加呈逐步递减的变化趋势,并在湿润锋附近发生突变型骤减,数值上接近土壤初始含水率。由图 4-13 还可知,除 $K_{1.75}Z_3$ 和 K_3Z_3 组合外,其余 KZ 组合条件下不同循环率处理后土壤含水率在浅层土壤(0~2 cm)较为接近,并且各循环率处理后土壤含水率差异会随着土壤深度增加呈现先逐渐增加后逐渐减小的变化趋势,即各循环率处理后土壤含水率差异主要集中在中层深度土壤。

为了进一步明确不同循环率对土壤含水率的影响,对数据样本进行了统计学描述分析。结合表 4-30~表 4-33 可知,在 Z_2K_5、Z_3K_0 和 $Z_3K_{1.75}$ 条件下,当循环率由 $X_{1/2}$ 减小为 $X_{1/3}$ 时土壤含水率极大值会增大 0.78%、1.61% 和 0.39%;在其余 ZK 组合条件下减小循环率会对土壤含水率极大值存在 0.40%~2.70% 的负效应。在 Z_3K_3 和 Z_3K_4 组合条件下改变循环率对土壤含水率均值无影响,在其余 XK 组合下减小循环率对土壤含水率均值存在 0.49%~3.87% 的正效应。在 Z_2K_0、Z_2K_4、Z_3K_0 和 Z_3K_3 条件下减小循环率对土壤含水率变异系数分别产生 0.97%、8.60%、0.49% 和 7.01% 的负效应,在 Z_3K_4 组合下改变循环率对土壤含水率空间变异性无影响,在其余 XK 组合下减小循环率对土壤含水率空间变异性存在 0.27%~0.81% 的正效应。

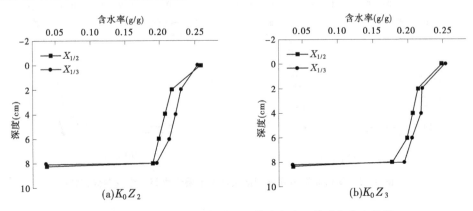

图 4-13　间歇灌溉不同循环率条件下土壤含水率一维垂向分布特征

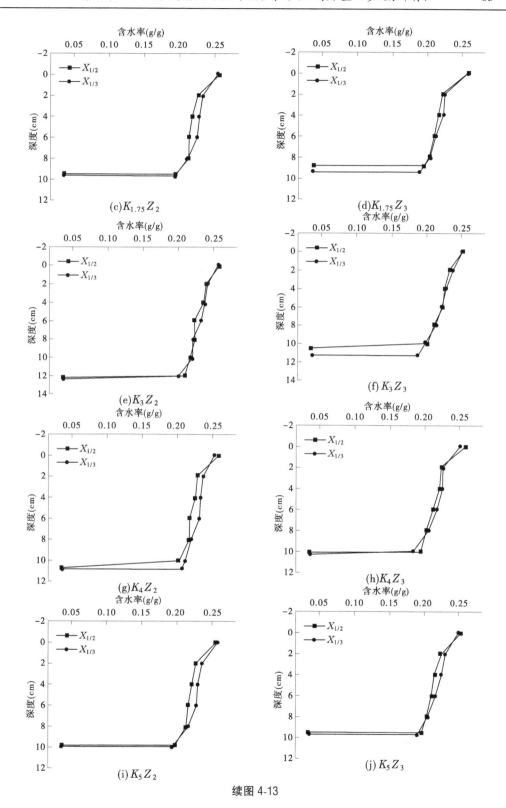

续图 4-13

4.1.6.4　矿化度–周期数–循环率耦合效应对土壤含水率的影响

为了进一步探明各个单因素及因素间交互效应对含水率影响的统计学差异,进行了多因素方差分析。表4-34为矿化度–周期数–循环率耦合条件下土壤含水率三因素方差分析结果。由表4-34可知,周期数和矿化度对土壤含水率均值存在极显著影响($p <$ 0.01),但其余单因素及多因素交互效应对含水率均值和极大值影响均未达到显著水平。根据Ⅲ类平方和计算结果可知,矿化度、周期数、循环率及其耦合效应对土壤含水率极大值影响表现为 $Z*K>X*K>Z>Z*X*K>X>Z*X$,对土壤含水率均值影响表现为:$K>Z>X>X*K>Z*K>Z*X>Z*X*K$。

表 4-34　矿化度–周期数–循环率耦合条件下土壤含水率三因素方差分析结果

来源	θ 极大值				θ 均值			
	Ⅲ类平方和	均方	F 值	显著性	Ⅲ类平方和	均方	F 值	显著性
Z	7.935×10^{-5}	7.935×10^{-5}	0.731	0.398	4.538×10^{-4}	4.538×10^{-4}	8.011	0.007**
X	4.335×10^{-5}	4.335×10^{-5}	0.399	0.531	1.634×10^{-4}	1.634×10^{-4}	2.884	0.097
K	7.410×10^{-5}	1.852×10^{-5}	0.171	0.952	1.472×10^{-3}	3.681×10^{-4}	6.499	<0.001**
$Z*X$	7.350×10^{-6}	7.350×10^{-6}	0.068	0.796	1.815×10^{-5}	1.815×10^{-5}	0.320	0.574
$Z*K$	1.689×10^{-4}	4.223×10^{-5}	0.389	0.815	5.700×10^{-5}	1.425×10^{-5}	0.252	0.907
$X*K$	9.090×10^{-5}	2.272×10^{-5}	0.209	0.932	7.140×10^{-5}	1.785×10^{-5}	0.315	0.866
$Z*X*K$	6.090×10^{-5}	1.523×10^{-5}	0.140	0.966	1.560×10^{-5}	3.900×10^{-6}	0.069	0.991

注:F值是统计学中F检验的统计量。

4.2　矿化度–周期数–循环率耦合条件下土壤盐分分布特征

4.2.1　矿化度单因素效应对土壤盐分分布影响

图4-14为间歇灌溉不同矿化度条件下土壤电导率一维垂向分布特征。由图4-14可知,在 $Z_2X_{1/2}K_0$ 和 $Z_3X_{1/2}K_3$ 组合下,土壤电导率随土壤深度增加呈增加趋势,其余 ZX 组合下不同矿化度处理后土壤电导率随土壤深度增加呈先减小后增加的变化趋势,且电导率减小区域主要位于浅层 0~2 cm 土壤深度范围,电导率增加区域位于 2 cm 深度以下范围。表4-35~表4-38为间歇灌溉不同矿化度条件下土壤电导率统计特征值。由表4-35~表4-38可知,除 $Z_3X_{1/3}$ 组合下,经 K_3 处理后土壤电导率极大值与 K_4 处理后的接近,其余 ZX 组合下不同灌溉水矿化度处理后土壤电导率极小值、极大值和均值影响均表现为:$K_5>K_4>K_3>K_{1.75}>K_0$,灌溉水矿化度与土壤电导率极小值(相关系数 $R=0.988$)、极大值(相关系数 $R=0.953$)和均值(相关系数 $R=0.998$)均呈现极显著的正相关($p<0.01$)。结合土壤电导率数据样本和统计学分析计算,当矿化度由 K_0 分别增加到 $K_{1.75}$、K_3、K_4 和 K_5 时,土壤电导率均值分别增加 18.2%~23.0%、38.7%~42.5%、54.4%~55.9% 和 69.2%~70.4%,平均增幅为 21.3%、40.1%、54.9% 和 69.7%,说明灌溉水矿化度对土壤

电导率具有极显著的正效应($p<0.01$),灌溉水矿化度越高时,土壤中盐分积累越严重。从土壤电导率空间变异性来看,在 $Z_3X_{1/2}$ 组合下土壤电导率一维垂向变异系数随矿化度增加呈逐渐递减趋势,在 K_5 处理下达到极小值;在其余 ZK 组合下这一结果表现为先减后增的"左右颠倒对号"形变化趋势,在 K_4 处理下达到极小值。整体来说,增加灌溉水矿化度能够有助于降低土壤盐分积累的空间变异性。

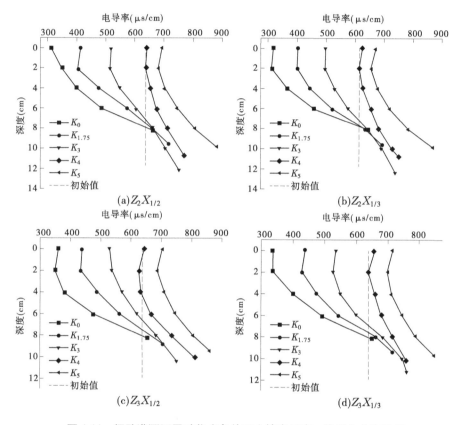

图 4-14　间歇灌溉不同矿化度条件下土壤电导率一维垂向分布特征

表 4-35　间歇灌溉不同矿化度条件下土壤电导率统计特征值($Z_2X_{1/2}$)

处理	统计学指标				
	极小值	极大值	均值	标准差	变异系数
K_0	310	663	440.80	140.185	0.318
$K_{1.75}$	404	715	539.83	130.159	0.241
K_3	514	753	616.00	94.456	0.153
K_4	636	768	680.83	50.440	0.074
K_5	679	880	751.17	78.024	0.104

表 4-36　间歇灌溉不同矿化度条件下土壤电导率统计特征值($Z_2X_{1/3}$)

处理	统计学指标				
	极小值	极大值	均值	标准差	变异系数
K_0	337	668	443.80	137.692	0.310
$K_{1.75}$	426	716	540.00	123.249	0.228
K_3	520	762	619.86	96.700	0.156
K_4	637	775	692.00	54.031	0.078
K_5	677	892	751.83	82.567	0.110

表 4-37　间歇灌溉不同矿化度条件下土壤电导率统计特征值($Z_3X_{1/2}$)

处理	统计学指标				
	极小值	极大值	均值	标准差	变异系数
K_0	349	657	444.00	129.522	0.292
$K_{1.75}$	433	705	525.00	113.024	0.215
K_3	531	753	615.83	88.831	0.144
K_4	627	810	685.33	72.032	0.105
K_5	686	860	751.17	67.771	0.090

表 4-38　间歇灌溉不同矿化度条件下土壤电导率统计特征值($Z_3X_{1/3}$)

处理	统计学指标				
	极小值	极大值	均值	标准差	变异系数
K_0	335	646	441.20	130.816	0.297
$K_{1.75}$	427	715	542.67	120.798	0.223
K_3	527	760	628.57	100.452	0.160
K_4	637	759	683.50	45.355	0.066
K_5	698	848	749.67	58.078	0.077

　　为了进一步定量化间歇灌溉不同矿化度条件下土壤电导率分布特征,构建了不同处理下土壤电导率垂向一维分布 $E_c(h)$ 模型[式(4-6)],模型参数及精度如表 4-39 所示。由表 4-39 可知,不同处理下土壤电导率垂向一维分布 $E_c(h)$ 模型决定系数 R^2 介于 0.964~0.996,均值为 0.982,具有较高的拟合精度,说明采用 $E_c(h)$ 模型进行土壤电导率垂向分布模拟是合理可行的。

$$E_c(h) = a \cdot \exp(b \cdot | c - Z |) \tag{4-6}$$

式中:E_c 为土壤电导率,$\mu s/cm$;h 为土壤深度,cm;a、b 和 c 为模型系数。

表 4-39　间歇灌溉不同矿化度条件下 $E_c(h)$ 模型参数及精度

ZX 组合	参数及精度	矿化度(g/L)				
		0	1.75	3	4	5
$Z_2X_{1/2}$	a	285.126	382.608	498.825	620.603	655.375
	b	0.110	0.076	0.039	0.022	0.034
	c	0.758	1.010	1.041	1.535	1.671
	R^2	0.982	0.994	0.993	0.978	0.974
$Z_2X_{1/3}$	a	291.587	391.450	500.610	620.750	650.038
	b	0.120	0.073	0.039	0.025	0.040
	c	1.380	1.223	1.083	2.351	2.312
	R^2	0.979	0.991	0.993	0.978	0.969
$Z_3X_{1/2}$	a	302.903	400.821	508.845	594.287	666.330
	b	0.111	0.073	0.041	0.040	0.031
	c	1.509	1.208	1.028	2.639	1.695
	R^2	0.972	0.996	0.995	0.966	0.971
$Z_3X_{1/3}$	a	295.940	395.597	502.313	627.922	674.629
	b	0.109	0.074	0.044	0.023	0.030
	c	1.161	1.347	1.403	2.220	2.469
	R^2	0.995	0.991	0.982	0.984	0.964

　　脱盐区范围和脱盐区深度系数是进行微咸水科学灌溉和作物合理栽培需要考虑的重要指标。结合图 4-14,对不同灌溉水矿化度处理下脱盐区范围进行了汇总,结果如表 4-40 所示。由表 4-40 可知,在任意 ZX 组合条件下不同矿化度对土壤脱盐区深度位置均表现为:$K_5<K_4<K_3<K_{1.75}<K_0$。$Z_3X_{1/2}$ 组合条件下灌溉水矿化度与土壤脱盐深度均呈显著($p<0.01$)的负相关(相关系数 $R=-0.886$),其余 ZX 组合条件下两者间呈非显著的负相关(相关系数 $R=-0.840\sim0.868$)。由以上内容说明,灌溉水矿化度越高时,积盐区出现的土壤深度位置越浅,积盐范围越大;脱盐区深度位置越浅,脱盐范围越小。图 4-15 为间歇灌溉不同矿化度条件下土壤脱盐区深度系数。由图 4-15 可知,在周期数和循环率一定时,当矿化度由 K_0 分别增加至 $K_{1.75}$、K_2、K_3、K_4 和 K_5 时,脱盐区深度系数能够分别降低 12.3%~18.0%、35.8%~39.5%、56.1%~79.2% 和 100%,说明土壤脱盐区深度系数随矿化度增加呈逐步递减趋势。经计算,在 $Z_2X_{1/2}$、$Z_2X_{1/3}$ 和 $Z_3X_{1/3}$ 组合下矿化度与土壤脱盐区深度系数之间的相关系数分别为 -0.972、-0.969 和 -0.968,两者间呈极显著($p<0.01$)的负相关;在 $Z_3X_{1/2}$ 组合下矿化度与土壤脱盐区深度系数之间的相关系数为 -0.947,两者间呈显著($p<0.05$)的负相关。

表 4-40　间歇灌溉不同矿化度条件下土壤脱盐区深度

ZX 组合	脱盐区深度（cm）				
	K_0	$K_{1.75}$	K_3	K_4	K_5
$Z_2X_{1/2}$	7.8	7.6	7.2	2.4	0
$Z_2X_{1/3}$	7.7	7.6	7.2	0	0
$Z_3X_{1/2}$	8.1	7.6	6.6	4.2	0
$Z_3X_{1/3}$	8.1	7.7	6.9	0	0

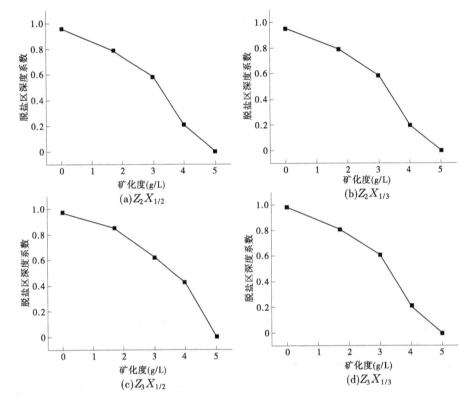

图 4-15　间歇灌溉不同矿化度条件下土壤脱盐区深度系数

4.2.2　周期数单因素效应对土壤盐分分布影响

图 4-16 为间歇灌溉不同周期数条件下土壤电导率一维垂向分布特征。由图 4-16 可知，在 $K_0X_{1/2}$ 组合下 Z_2 处理、$K_3X_{1/2}$ 组合下 Z_3 处理的土壤电导率随土壤深度增加呈单调递增趋势，其余 XK 组合下不同周期数处理后土壤电导率随土壤深度增加呈先减小后增加的变化趋势，且电导率减小区域主要位于浅层 0~2 cm 土壤深度范围，电导率增加区域位于 2 cm 深度以下范围。在不同 XK 组合条件下，在不同土壤深度位置处，经 Z_2 和 Z_3 处理下的土壤电导率相对数值大小会各不相同。

为了进一步明确不同周期数对土壤电导率的影响，对数据样本进行了统计学描述分析。由表 4-35~表 4-38 可知，当灌溉水矿化度和循环率一定时，在 $X_{1/2}K_4$ 和 $X_{1/3}K_0$ 组合下,增加周期数对土壤电导率极小值存在 1.42% 和 0.59% 的负效应;在 $X_{1/3}K_4$ 组合下,改变周期数对土壤电导率极小值无影响;在其余 XK 组合下,增加周期数对土壤电导率极小值存在 0.23%~12.58% 的正效应。当循环率和矿化度一定时,在 $X_{1/2}K_4$ 组合下,增加周期数对土壤电导率极大值存在 5.47% 的正效应;在 $X_{1/2}K_3$ 组合下,改变周期数对土壤电导率极大值无影响;在其余 XK 组合下,增加周期数对土壤电导率极大值存在 0.14%~4.93% 的负效应。当循环率和矿化度一定时,在 $X_{1/2}K_0$、$X_{1/2}K_4$、$X_{1/3}K_{1.75}$ 和 $X_{1/3}K_3$ 组合下,增加周期数对土壤电导率均值存在 0.49%~1.41% 的正效应;在 $X_{1/2}K_5$ 组合下,改变周期数对土壤电导率均值无影响;在其余 XK 组合下,增加周期数对土壤电导率均值存在 0.03%~2.75% 的负效应。当循环率和矿化度一定时,在 $X_{1/2}K_4$ 和 $X_{1/3}K_3$ 组合下,增加周期数对土壤电导率空间变异系数存在 41.9% 和 2.6% 的正效应;在其余 XK 组合下,增加周期数对土壤电导率空间变异系数存在 2.19%~30.00% 的负效应。

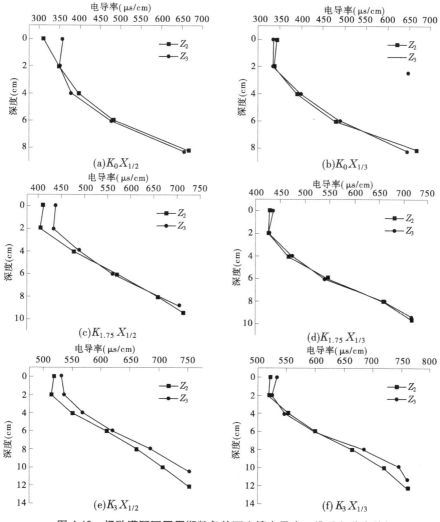

图 4-16　间歇灌溉不同周期数条件下土壤电导率一维垂向分布特征

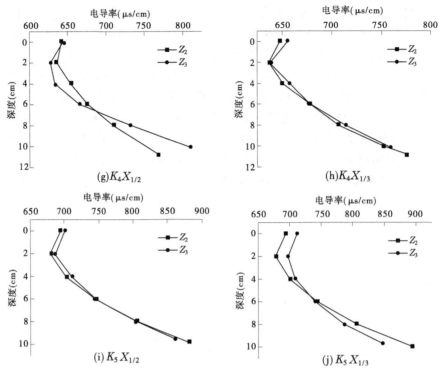

续图 4-16

结合图 4-16,对不同周期数条件下土壤脱盐深度和脱盐区深度系数进行了汇总,结果如表 4-41 所示。由表 4-41 可知,在 $K_{1.75}X_{1/2}$、$K_4X_{1/3}$ 及 K_5 与任意循环率组合条件下,不同周期数处理对脱盐区深度无影响。在 $K_3X_{1/2}$ 和 $K_3X_{1/3}$ 组合下,周期数由 Z_2 增加至 Z_3 时会对脱盐区深度分别存在 8.3% 和 4.2% 的负效应。在其余 KX 组合处理下,周期数由 Z_2 增加至 Z_3 时会对脱盐区深度存在 1.3%~75.0%(均值 21.3%)的正效应。由表 4-41 还可知,在 K_5 与任意循环率组合条件下,改变周期数对土壤脱盐区深度系数无影响。在其余 KX 组合处理下,周期数由 Z_2 增加至 Z_3 时会对脱盐区深度系数存在 0.8%~104.8%(均值 16.5%)的正效应。

表 4-41　间歇灌溉不同周期数条件下土壤脱盐区深度及脱盐区深度系数

矿化度	脱盐区深度(cm)				脱盐区深度系数			
	$X_{1/2}$		$X_{1/3}$		$X_{1/2}$		$X_{1/3}$	
	Z_2	Z_3	Z_2	Z_3	Z_2	Z_3	Z_2	Z_3
K_0	7.8	8.1	7.7	8.1	0.963	0.971	0.959	0.986
$K_{1.75}$	7.6	7.6	7.6	7.7	0.790	0.852	0.796	0.810
K_3	7.2	6.6	7.2	6.9	0.583	0.623	0.585	0.611
K_4	2.4	4.2	0	0	0.208	0.426	0.199	0.205
K_5	0	0	0	0	0	0	0	0

4.2.3　循环率单因素效应对土壤盐分分布影响

图 4-17 为间歇灌溉不同循环率条件下土壤电导率一维垂向分布特征。由图 4-17 可知，在 K_0Z_2 组合下 $X_{1/2}$ 处理、K_3Z_3 组合下 $X_{1/2}$ 处理的土壤电导率随土壤深度增加呈单调递增趋势，其余 KZ 组合下不同循环率处理后土壤电导率随土壤深度增加呈先减小后增加的变化趋势，且电导率减小区域主要位于浅层 0~2 cm 土壤深度范围，电导率增加区域位于 2 cm 深度以下范围。在不同 KZ 组合条件下，在不同土壤深度位置处，经 $X_{1/2}$ 和 $X_{1/3}$ 处理下的土壤电导率相对数值大小会各不相同。

为了进一步明确不同循环率对土壤电导率的影响，对数据样本进行了统计学描述分析。由表 4-35~表 4-38 可知，当灌溉水矿化度和周期数一定时，在 Z_2K_5、Z_3K_0、$Z_3K_{1.75}$ 和 Z_3K_3 组合下，减小循环率对土壤电导率极小值存在 0.29%~4.01% 的负效应，在其余 ZK 组合下减小循环率对土壤电导率极小值存在 0.16%~8.71% 的正效应；当灌溉水矿化度和周期数一定时，在 Z_3K_0、Z_3K_4 和 Z_3K_5 组合下，减小循环率对土壤电导率极大值和均值分别存在 1.40%~6.30% 和 0.20%~0.63% 的负效应；在其余 ZK 组合下，减小循环率对土壤电导率极大值和均值分别存在 0.14%~1.42% 和 0.03%~3.37% 的正效应。当灌溉水矿化度和周期数一定时，在 Z_2K_0、$Z_2K_{1.75}$、Z_3K_4 和 Z_3K_5 组合下，减小循环率对土壤电导率空间变异系数存在 2.52%~37.14% 的负效应；在其余 ZK 组合下，减小循环率对土壤电导率空间变异系数存在 1.71%~11.11% 的正效应。

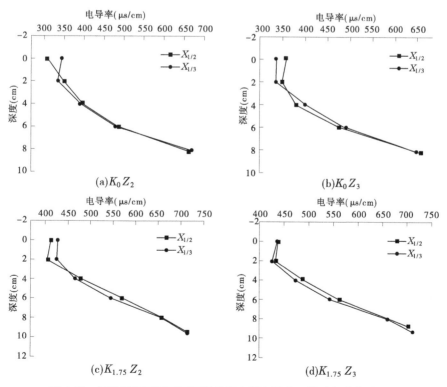

图 4-17　间歇灌溉不同循环率条件下土壤电导率一维垂向分布特征

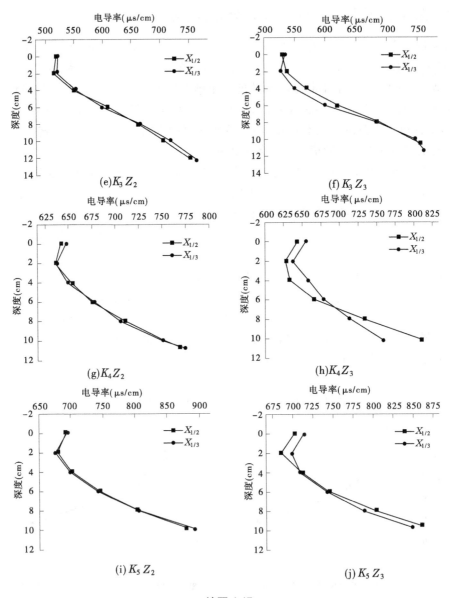

续图 4-17

　　结合图 4-17,对不同周期数条件下土壤脱盐区深度和脱盐区深度系数进行了汇总,结果如表 4-42 所示。在 K_0Z_2、K_4Z_2 和 K_4Z_3 组合下,循环率由 $X_{1/2}$ 减小至 $X_{1/3}$ 时会均对脱盐区深度存在负效应;在 $K_{1.75}Z_3$ 和 K_3Z_3 组合下,循环率由 $X_{1/2}$ 减小至 $X_{1/3}$ 时会对脱盐区深度存在正效应;在其余 KZ 组合下,改变循环率对脱盐区深度无影响。在 K_5Z_2 和 K_5Z_3 组合下,改变循环率对脱盐区深度系数无显著影响;在 K_0Z_3、$K_{1.75}Z_2$ 和 K_3Z_2 组合下,循环率由 $X_{1/2}$ 减小至 $X_{1/3}$ 时会对脱盐区深度系数存在 0.34% ~ 1.54% 的正效应;在其余 KZ 组合下,循环率由 $X_{1/2}$ 减小至 $X_{1/3}$ 时会对脱盐区深度系数存在 0.42% ~ 51.88% 的负效应。

表 4-42　间歇灌溉不同循环率条件下土壤脱盐区深度及脱盐区深度系数

矿化度	脱盐区深度(cm)				脱盐区深度系数			
	Z_2		Z_3		Z_2		Z_3	
	$X_{1/2}$	$X_{1/3}$	$X_{1/2}$	$X_{1/3}$	$X_{1/2}$	$X_{1/3}$	$X_{1/2}$	$X_{1/3}$
K_0	7.8	7.7	8.1	8.1	0.963	0.959	0.971	0.986
$K_{1.75}$	7.6	7.6	7.6	7.7	0.790	0.796	0.852	0.810
K_3	7.2	7.2	6.6	6.9	0.583	0.585	0.623	0.611
K_4	2.4	0	4.2	0	0.208	0.199	0.426	0.205
K_5	0	0	0	0	0	0	0	0

4.2.4　矿化度-周期数-循环率耦合效应对土壤盐分分布影响

为了进一步探明各个单因素及因素间交互效应对土壤盐分影响的统计学差异,进行了多因素方差分析,结果如表 4-43 所示。由表 4-43 可知,矿化度对土壤盐分极小值、极大值和均值均存在极显著影响($p<0.01$),但其余单因素及多因素交互效应对其影响均未达到显著水平。根据Ⅲ类平方和计算结果可知,矿化度、周期数、循环率及其耦合效应对土壤含水率极小值影响表现为:$K>Z>Z*X*K>Z*K>Z*X>X>X*K$,对土壤含水率极大值影响表现为:$K>Z*K>Z*X*K>X*K>Z*X>Z>X$,对土壤含水率均值影响表现为:$K>Z*X*K>X>X*K>Z*K>Z>Z*X$。

表 4-43　矿化度-周期数-循环率耦合条件下土壤电导率三因素方差分析

来源	E_c 极小值			E_c 极大值			E_c 均值		
	Ⅲ类平方和	F 值	显著性	Ⅲ类平方和	F 值	显著性	Ⅲ类平方和	F 值	显著性
Z	1 815.000	4.016	0.052	936.150	1.458	0.234	12.641	0.019	0.891
X	405.600	0.897	0.349	79.350	0.124	0.727	279.159	0.420	0.520
K	1 018 255.500	563.273	<0.001**	298 260.000	116.160	<0.001**	708 458.269	266.770	<0.001**
$Z*X$	470.400	1.041	0.314	1 242.150	1.935	0.172	4.406	0.007	0.935
$Z*K$	967.500	0.535	0.711	3 324.600	1.295	0.288	168.726	0.064	0.992
$X*K$	81.900	0.045	0.996	1 682.400	0.655	0.627	232.196	0.087	0.986
$Z*X*K$	1 661.100	0.919	0.462	1 968.600	0.767	0.553	439.901	0.166	0.955

注:F 值是统计学中 F 检验的统计量。

4.3　小　结

本章主要探究矿化度-周期数-循环率耦合条件下土壤水盐入渗及分布特性,得出以下结论:

（1）不同矿化度 K、周期数 Z、循环率 X 条件下土壤湿润锋随时间均呈现"对数增加—线性增加"组合式变化特征。不同 K 对湿润锋极大值和均值影响表现为：$K_3 > K_4 > K_5 > K_{1.75} > K_0$。降低 Z（除 $K_0X_{1/2}$ 和 $K_0X_{1/3}$ 组合外）及降低 X（除 K_0Z_2 和 K_0Z_3 组合外）对土壤湿润锋极大值具有促进作用。增加 Z（除 $K_3X_{1/2}$ 和 $K_3X_{1/3}$ 组合外）及降低 X（除 K_0Z_2、K_4Z_2、K_5Z_2 和 K_5Z_3 组合外）对土壤湿润锋均值具有促进作用。Z、K、$Z*K$ 对土壤湿润锋均值，以及 Z、K、$Z*K$、$X*K$ 对土壤湿润锋极大值存在极显著影响（$p<0.01$）。各因素及耦合效应对土壤湿润锋均值和极大值影响分别表现为：$K>Z>Z*K>X*K>X>Z*X*K>Z*X$ 和 $K>Z>X*K>Z*K>Z*X*K>X$。整体而言，增加 K 和 Z 对土壤湿润锋时间变异性影响表现为先促后抑和抑制，但改变 X 对其无显著影响。

（2）不同矿化度 K、周期数 Z、循环率 X 条件下土壤累积入渗量随时间均呈现"对数增加—线性增加"组合式变化特征。在 $Z_2X_{1/3}$ 组合下不同 K 对土壤累积入渗量均值影响表现为：$K_3 > K_4 > K_{1.75} > K_5 > K_0$，在其余 ZX 组合不同 K 对土壤累积入渗量均值和极大值影响表现为：$K_3 > K_4 > K_5 > K_{1.75} > K_0$。增加 Z（除 $K_0X_{1/2}$ 和 $K_0X_{1/3}$ 组合外）及降低 X（除 K_0Z_2 和 K_0Z_3 组合外）对土壤累积入渗量极大值分别具有抑制和促进作用。降低 Z（除 $K_3X_{1/2}$ 和 $K_3X_{1/3}$ 组合外）及降低 X（除 K_0Z_3、K_5Z_2 和 K_5Z_3 组合外）对土壤累积入渗量均值具有促进作用。Z、K、$Z*K$ 对土壤累积入渗量均值和极大值存在极显著影响（$p<0.01$）。各因素及耦合效应对土壤累积入渗量均值和极大值影响分别表现为：$K>Z*K>Z>X*K>Z*X*K>X>Z*X$ 和 $K>Z*K>Z>Z*X*K>X*K>X>Z*X$。整体而言，改变 K、Z、X 对土壤累积入渗量时间变异性影响不显著。

（3）不同矿化度 K、周期数 Z、循环率 X 条件下土壤湿润锋与累积入渗量之间均呈线性关系。

（4）不同矿化度 K、周期数 Z、循环率 X 条件下土壤入渗率随时间呈现"急速下降—台阶式下降—缓慢下降并趋于稳定"的组合式变化特征。增加 K 时入渗率极大值和极小值分别呈 S 形波动趋势和先增后减趋势。在 $Z_2X_{1/2}$ 组合下不同矿化度对入渗率均值影响表现为：$K_3 > K_4 > K_5 > K_0 > K_{1.75}$，在其余 ZX 组合下这一结果表现为：$K_3 > K_4 > K_5 > K_{1.75} > K_0$。增加 Z（除 $X_{1/3}K_{1.75}$、$X_{1/3}K_3$ 和 $X_{1/3}K_4$ 组合外）及增加 X（除 $Z_2K_{1.75}$、Z_2K_3 和 Z_2K_4 组合外）对土壤入渗率极小值具有促进作用。降低 Z（除 $X_{1/3}K_0$、$X_{1/3}K_{1.75}$ 和 $X_{1/3}K_4$ 组合外）及降低 X（除 Z_3K_0、$Z_3K_{1.75}$、Z_3K_4 和 Z_2K_5 组合外）对土壤入渗率极大值具有促进作用。降低 Z（除 $X_{1/2}K_{1.75}$ 和 $X_{1/2}K_3$ 组合外）及降低 X（除 Z_3K_0、$Z_3K_{1.75}$、Z_3K_4 和 Z_3K_5 组合外）对土壤入渗率均值具有促进作用。改变 K、Z、X 会显著影响土壤入渗率时间变异性。

（5）不同矿化度 K、周期数 Z、循环率 X 条件下土壤水分入渗率动态可采用 Philip 模型进行量化描述。K 对吸渗率 S 影响表现为：$K_3 > K_4 > K_5 > K_{1.75} > K_0$。除个别情况外，减小 X 对吸湿率存在负效应，阶段 I 增加 Z 对 S 存在负效应和正效应。

（6）不同矿化度 K、周期数 Z、循环率 X 条件下土壤含水率随土壤深度增加呈递减趋势，并在湿润锋附近骤减至初始含水率。改变 K、Z、X 对土壤含水率极大值影响较小，增加 K 对含水率均值存在先促后抑影响，改变 Z 对含水率均值影响显著。增加 K（除 $Z_3X_{1/2}$ 组合外）对土壤含水率空间变异性存在先抑后促影响，而改变周期数和循环率对其无显著影响。各因素及耦合效应对土壤含水率极大值和均值影响分别表现为：$Z*K>X*K>$

$Z>K>Z*X*K>X>Z*X$ 和 $K>Z>X>X*K>Z*K>Z*X>Z*X*K$。

（7）$Z_2X_{1/2}K_0$ 和 $Z_3X_{1/2}K_3$ 组合下土壤电导率随土壤深度增加呈增加趋势，其余组合下结果为先减后增，可采用一维垂向分布指数型 $E_c(h)$ 模型进行量化描述。不同 K（除 $Z_3X_{1/3}$ 组合外）处理后土壤电导率极小值、极大值和均值表现为：$K_5>K_4>K_3>K_{1.75}>K_0$。改变 K、Z、X 对脱盐区深度和脱盐区深度系数存在一定程度影响。减小 K、增加 Z（除 $X_{1/2}K_4$ 和 $X_{1/3}K_3$ 组合外）和增加 X（除 Z_2K_0、$Z_2K_{1.75}$、Z_3K_4 和 Z_3K_5 组合外）对土壤电导率空间变异性存在负效应。K 对土壤盐分极小值、极大值和均值存在极显著影响（$p<0.01$）。K、Z、X 及其耦合效应对土壤含水率极小值、极大值和均值影响表现为：$K>Z>Z*X*K>Z*K>Z*X>X>X*K$、$K>Z*K>Z*X*K>X*K>Z*X>Z>X$ 和 $K>Z*K>Z*X*K>X>X*K>Z*K>Z>Z*X$。

第 5 章　灌溉方式-矿化度耦合条件下土壤水盐入渗及分布特征

选择合理的灌溉水矿化度是优化微咸水灌溉制度的重要前提,当灌溉水矿化度不同时,会改变土壤凝絮作用(王全九等,2004)、土壤团粒结构及孔隙性能(吴忠东等,2010),进而影响水盐入渗及分布特征(吕烨等,2007;朱成立等,2017)。与连续入渗相比,间歇入渗条件下的土壤会经历干湿交替过程(毕远杰等,2010),会导致土壤表层结构性状发生改变(雪静等,2009),进而影响土壤水分入渗能力(贾辉等,2007)。本章采用灌溉方式-矿化度耦合条件下土壤水分一维垂直入渗试验,对不同处理下土壤湿润锋、累积入渗量、入渗率、吸湿率、含水率及电导率进行监测,旨在探究各因素及其因素间耦合效应对土壤水盐入渗及分布特征的影响,为完善微咸水灌溉技术提供重要的理论支持。在第 3 章和第 4 章中,详细阐述了矿化度单因素效应对土壤水盐入渗及分布特性影响,不再赘述,本章重点探究两个问题:①间歇灌溉和连续灌溉两种方式对土壤水盐入渗及分布特性影响。②不同灌溉方式-矿化度组合条件下探究因素间耦合效应对土壤水盐入渗分布关键统计学指标影响。

5.1　不同灌溉方式对土壤水盐运动分布特性影响

5.1.1　不同灌溉方式对土壤湿润锋影响

图 5-1 为不同灌溉方式下土壤湿润锋动态特征。由图 5-1 可知,在 0~40 min,经间歇灌溉 G_J 和连续灌溉 G_L 处理后土壤湿润锋均随时间呈对数型增加趋势,两种处理后土壤湿润锋数值差异较小;在 40~80 min 和 80~120 min 两个入渗阶段,经 G_J 处理后土壤湿润锋会分别在 40 min 和 80 min 特征时刻出现 1.7 cm 和 1.3 cm 突增,然后在各自入渗阶段内湿润锋随时间增加呈线性增加趋势,这与 G_L 处理结果存在较大差异。经 G_L 处理后湿润锋在 40~80 min 和 80~120 min 两个入渗阶段内均随时间呈对数型增加趋势。由图 5-1 还可知,在 40~80 min 和 80~120 min 两个入渗阶段,经 G_J 和 G_L 处理后土壤湿润锋间的差异随入渗时间增加呈逐步减小趋势,经 G_J 处理后的土壤湿润锋曲线斜率低于 G_L 处理后的,这两个阶段内不同灌溉方式对土壤湿润锋推移速率表现为:$G_L > G_J$。

为了进一步深入比较两种灌溉方式对土壤湿润锋的影响程度,对数据样本进行了统计学描述性分析。表 5-1 为不同灌溉方式下土壤湿润锋统计特征值。由表 5-1 可知,经 G_J 处理后土壤湿润锋极大值和均值分别是 G_L 处理后的 1.11 倍和 1.50 倍,说明相比连续灌溉方式,间歇灌溉方式更容易推进土壤水分运动。由表 5-1 还可知,经 G_J 和 G_L 处理后湿润锋变异系数分别为 0.68 和 0.88,说明较连续灌溉,间歇灌溉方式会导致土壤湿润锋时间变异性降低。

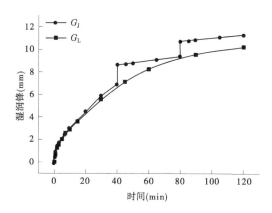

图 5-1　不同灌溉方式下土壤湿润锋动态特征

表 5-1　不同灌溉方式下土壤湿润锋统计特征值

灌溉方式	统计学指标				
	极小值	极大值	均值	标准差	变异系数
G_J	0	11.3	6.01	4.06	0.68
G_L	0	10.2	4.01	3.51	0.88

采用分段幂函数模型[式(3-1)]对不同灌溉方式下土壤湿润锋动态进行了量化描述,模型参数及精度如表 5-2 所示。由表 5-2 可知,经 G_J 处理后湿润锋各分段量化模型决定系数均值为 0.994 2,经 G_L 处理后湿润锋量化模型决定系数为 0.993 7,说明采用分段幂函数模型进行不同灌溉方式下土壤湿润锋推移动态模拟是合理可行的。由表 5-2 可知,经 G_J 处理后三阶段扩散系数 a 分别比 G_L 处理后整体扩散系数高 0.003 倍、5.364 倍和 6.157 倍,说明间歇灌溉较连续灌溉能大幅提高湿润锋扩散系数。经 G_J 处理后三阶段扩散指数 b 分别是 G_L 处理后整体扩散指数的 1.03 倍、0.23 倍和 0.24 倍,说明相对连续灌溉,经间歇灌溉处理后阶段 I 能够提高湿润锋扩散指数,其余两个阶段会大幅抑制湿润锋扩散指数。

表 5-2　不同灌溉方式下土壤湿润锋幂函数模型参数及精度

参数及精度	间歇灌溉(G_J)			连续灌溉(G_L)
	阶段 I	阶段 II	阶段 III	
a	0.840 8	5.336 5	6.002 2	0.838 6
b	0.562 2	0.128 5	0.132 2	0.546 9
R^2	0.991 4	0.993 7	0.997 5	0.993 7

5.1.2　不同灌溉方式对土壤累积入渗量影响

图 5-2 为不同灌溉方式下土壤累积入渗量动态特征。由图 5-2 可知,在 0~40 min,经

间歇灌溉 G_J 和连续灌溉 G_L 处理后土壤累积入渗量均随时间呈对数型增加趋势,两种处理后土壤累积入渗量数值差异较小;在 40~80 min 和 80~120 min 两个入渗阶段,经 G_J 处理后土壤湿润锋会分别在 40 min 和 80 min 特征时刻出现 172.7 mL 和 102.05 mL 突增,然后在各自入渗阶段内累积入渗量随时间增加呈线性增加趋势,这与 G_L 处理结果存在较大差异。经 G_L 处理后湿润锋在 40~80 min 和 80~120 min 两个入渗阶段内均随时间呈对数型增加趋势。在 40~80 min 和 80~120 min 两个入渗阶段内,经 G_J 和 G_L 处理后土壤累积入渗量间的差异随入渗时间增加呈逐步减小趋势,经 G_J 处理后的土壤累积入渗量曲线斜率低于 G_L 处理后的,这两个阶段内不同灌溉方式对土壤累积入渗量增加速率表现为:$G_L > G_J$。为了进一步深入比较两种灌溉方式对土壤累积入渗量的影响程度,对数据样本进行了统计学描述性分析。表 5-3 为不同灌溉方式下土壤累积入渗量统计特征值。由表 5-3 可知,经 G_J 处理后累积入渗量极大值和均值分别是 G_L 处理后的 1.05 倍和 1.46 倍,说明相比连续灌溉方式,间歇灌溉方式更容易加快土壤水分入渗。由表 5-3 还可知,经 G_J 和 G_L 处理后累积入渗量变异系数分别为 0.63 和 0.85,说明相较连续灌溉,间歇灌溉方式会导致土壤累积入渗量时间变异性降低。

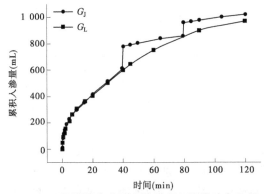

图 5-2 不同灌溉方式下土壤累积入渗量动态特征

表 5-3 不同灌溉方式下土壤累积入渗量统计特征值

灌溉方式	统计学指标				
	极小值	极大值	均值	标准差	变异系数
G_J	0	1 015.55	554.77	352.07	0.63
G_L	0	968.85	379.94	322.09	0.85

采用 Kostiakov 模型[式(3-2)]对不同灌溉方式下土壤累积入渗量动态进行了量化描述,模型参数及精度如表 5-4 所示。由表 5-4 可知,经 G_J 处理下累积入渗量各分段量化模型决定系数均值为 0.994 9,经 G_L 处理后累积入渗量模型决定系数为 0.993 3,说明采用 Kostiakov 模型进行不同灌溉方式下土壤累积入渗量动态模拟是合理可行的。由表 5-4 可知,经 G_J 处理后三阶段入渗系数分别比 G_L 处理后整体入渗系数高 0.35 倍、4.51 倍和 5.24 倍,说明间歇灌溉较连续灌溉能大幅提高土壤初始入渗速度。经 G_J 处理后三阶段入渗指数分别是 G_L 处理后整体入渗指数的 0.83 倍、0.27 倍和 0.26 倍,说明间歇灌溉较

连续灌溉能大幅降低土壤水分入渗能力的衰减速率。

表 5-4　不同灌溉方式下累积入渗量 Kostiakov 模型参数及精度

参数及精度	间歇灌溉(G_J)			连续灌溉(G_L)
	阶段 Ⅰ	阶段 Ⅱ	阶段 Ⅲ	
k	112.430	459.370	520.450	83.38
α	0.442 3	0.142 8	0.139 9	0.535 3
R^2	0.991 4	0.995 9	0.997 5	0.993 3

5.1.3　不同灌溉方式对土壤湿润锋–累积入渗量关系影响

图 5-3 为不同灌溉方式下土壤湿润锋与累积入渗量关系。由图 5-3 可知,不同灌溉方式下土壤湿润锋与累积入渗量构成的数据样本呈线性分布特征,且数据样本线性分布斜率与灌溉方式存在一定关联性。为了进一步探明不同灌溉方式下土壤湿润锋与累积入渗量之间的相互关系,采用线性模型[式(3-3)]对其进行定量描述。由图 5-3 可知,经 G_J 和 G_L 处理后湿润锋与累积入渗量所构成的线性模型的决定系数分别为 0.994 4 和 0.998 5,具有较高的拟合精度,说明采用线性模型进行土壤湿润锋与累积入渗量关系定量描述是合理可行的。由图 5-3 可知,灌溉方式由连续灌溉变为间歇灌溉时,模型斜率 A 能够减小 2.873,说明在湿润锋推移相同距离条件下,连续灌溉方式的累积入渗量更大。

5.1.4　不同灌溉方式对土壤入渗率影响

图 5-4 为不同灌溉方式下土壤入渗率动态特征。由图 5-4 可知,在 0~40 min,经连续灌溉 G_L 和间歇灌溉 G_J 处理后土壤入渗率均随时间增加呈急速下降的变化趋势,两种处理后土壤入渗率在数值上整体较为接近。在 40~80 min 和 80~120 min 两个入渗阶段,经 G_J 处理后土壤入渗率会分别在 40 min 和 80 min 特征时刻出现 0.121 mL 和 0.005 mL 突降,然后在各自入渗阶段内入渗率随时间增加呈线性递减趋势,这与 G_L 处理结果存在一定差异。在 40~120 min 入渗阶段,经 G_L 处理后土壤入渗率随时间增加呈线性递减趋势,在 40 min 和 80 min 特征时刻无突减现象。此外,在 40~120 min 入渗阶段,经过 G_J 处理后土壤入渗率始终小于 G_L 处理后的结果。为了进一步深入比较两种灌溉方式对土壤入渗率的影响程度,对数据样本进行了统计学描述性分析。表 5-5 为不同灌溉方式下土壤入渗率统计特征值。由表 5-5 可知,经 G_J 处理后入渗极小值、极大值和均值分别是 G_L 处理后的 0.459 倍、1.714 倍和 0.719 倍,说明相比连续灌溉方式,间歇灌溉方式对土壤入渗率极小值和均值存在抑制作用,对入渗率极大值存在促进作用。由表 5-5 还可知,经 G_J 和 G_L 处理后土壤入渗率变异系数分别为 1.865 和 1.045,说明较连续灌溉,间歇灌溉方式会导致土壤入渗率时间变异性增加。

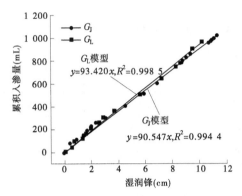

图 5-3　不同灌溉方式下土壤湿润锋与
累积入渗量关系

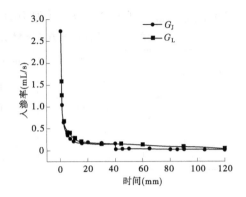

图 5-4　不同灌溉方式下土壤入渗率动态特征

表 5-5　不同灌溉方式下土壤入渗率统计特征值

灌溉方式	统计学指标				
	极小值	极大值	均值	标准差	变异系数
G_J	0.017	2.713	0.327	0.609	1.865
G_L	0.037	1.583	0.455	0.475	1.045

5.1.5　不同灌溉方式对土壤含水率分布影响

图 5-5 为不同灌溉方式下土壤含水率一维垂向分布特征。由图 5-5 可知,不同灌溉方式处理后土壤含水率随土壤深度增加呈逐步递减的变化趋势,并在湿润锋附近发生突变型骤减,数值上接近土壤初始含水率。为了进一步明确不同灌溉方式对土壤含水率的影响,对数据样本进行了统计学描述分析,结果如表 5-6 所示。由表 5-6 可知,经 G_J 处理后土壤含水率极大值和均值分别是 G_L 处理后的 0.977 倍和 1.015 倍,说明相比连续灌溉方式,间歇灌溉方式对土壤含水率极大值存在抑制作用,对土壤含水率均值存在促进作用。由表 5-6 还可知,经 G_J 和 G_L 处理后土壤含水率变异系数分别为 0.345 和 0.118,说明相较连续灌溉,间歇灌溉方式会导致土壤含水率空间变异性增加。

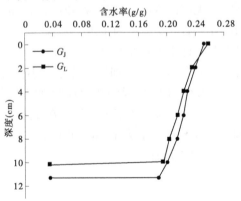

图 5-5　不同灌溉方式下土壤含水率一维垂向分布特征

表 5-6 不同灌溉方式下土壤含水率统计特征值

灌溉方式	统计学指标				
	极小值	极大值	均值	标准差	变异系数
G_J	0.036	0.252	0.198	0.068	0.345
G_L	0.036	0.258	0.195	0.023	0.118

5.1.6 不同灌溉方式对土壤盐分分布影响

图 5-6 为不同灌溉方式下土壤电导率一维垂向分布特征。由图 5-6 可知,不同灌溉方式处理后土壤电导率随土壤深度增加呈先减后增的变化趋势,电导率增加区域主要位于浅层 0~2 cm 土壤深度,电导率递减区域位于 2 cm 深度以下范围。由图 5-6 可知,在浅层 0~4 cm 土壤范围内经 G_J 处理后土壤电导率高于 G_L 处理后的,在 4 cm 以下土壤深度范围不同灌溉方式对土壤电导率影响表现为:$G_L>G_J$。

为了进一步明确不同灌溉方式对土壤盐分分布的影响,对数据样本进行了统计学描述分析,表 5-7 为不同灌溉方式下土壤电导率统计特征值。由表 5-7 可知,经 G_J 处理后土壤电导率极小值、极大值和均值分别是 G_L 处理后的 1.068 倍、0.973 倍和 1.022 倍,说明比连续灌溉方式,间歇灌溉方式对土壤含水率极小值和均值存在促进作用,对土壤含水率极大值存在抑制作用。由表 5-7 还可知,经 G_J 和 G_L 处理后土壤电导率变异系数分别为 0.160 和 0.177,说明较连续灌溉,间歇灌溉方式会导致土壤电导率空间变异性降低。

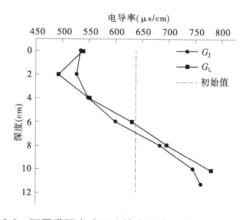

图 5-6 不同灌溉方式下土壤电导率一维垂向分布特征

表 5-7 不同灌溉方式下土壤电导率统计特征值

灌溉方式	统计学指标				
	极小值	极大值	均值	标准差	变异系数
G_J	527	760	628.571	100.452	0.160
G_L	493	781	615.000	108.986	0.177

5.2 灌溉方式–矿化度耦合效应对土壤水盐运动分布特征指标影响

5.2.1 灌溉方式–矿化度耦合效应对土壤湿润锋影响

5.2.1.1 灌溉方式–矿化度耦合效应对土壤湿润锋极大值影响

图 5-7 为灌溉方式–矿化度耦合效应对土壤湿润锋极大值影响。由图 5-7 可知,在矿化度一定时,经间歇灌溉和连续灌溉处理后湿润锋极大值在 8.2~11.3 cm 和 7.7~10.2 cm,平均数值为 9.76 cm 和 9.16 cm,由此说明相对连续灌溉,经间歇灌溉处理对湿润锋极大值具有促进作用。在灌溉方式一定时,经 K_0、$K_{1.75}$、K_3、K_4 和 K_5 处理后土壤湿润锋极大值为 7.7~8.2 cm、8.6~9.4 cm、10.2~11.3 cm、9.9~10.2 cm 和 9.4~9.7 cm,平均数值为 7.95 cm、9.00 cm、10.75 cm、10.05 cm 和 9.55 cm,由此说明适当增加灌水矿化度(K_0~K_3)能够促进土壤湿润锋极大值,但灌溉水矿化度过高(K_3~K_5)时对湿润锋极大值具有抑制作用。经计算,当矿化度由 K_0 增加到 $K_{1.75}$ 和 K_3 时,经间歇灌溉 G_J 处理后土壤湿润锋极大值分别增加 14.63% 和 37.80%,经 G_L 处理后结果为 11.69% 和 32.47%;当矿化度由 K_3 增加到 K_4 和 K_5 时,经间歇灌溉 G_J 处理后土壤湿润锋极大值分别减小 9.73% 和 14.16%,经 G_L 处理后结果为 2.94% 和 7.84%。这说明当矿化度变化时,经 G_J 处理后的湿润锋极大值变幅比 G_L 处理敏感 2.94%~6.79%,即在不同矿化度和灌溉方式组合条件下,土壤湿润锋极大值对某一因素响应强度会受到另一因素干扰,各因素对土壤湿润锋极大值影响可能存在交互效应。表 5-8 为灌溉方式–矿化度耦合条件下土壤湿润锋极大值双因素方差分析结果。由表 5-8 可知,灌溉方式和矿化度均对土壤湿润锋极大值存在极显著影响($p<0.01$),两者间交互效应对土壤湿润锋极大值影响未达到显著水平。由Ⅲ类平方和计算结果可知,各个单因素及其多因素耦合效应对土壤湿润锋极大值影响表现为:$K>G>G*K$。

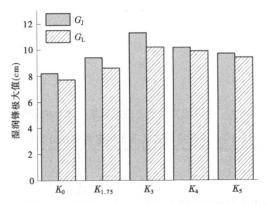

图 5-7 灌溉方式–矿化度耦合效应对土壤湿润锋极大值影响

表 5-8　灌溉方式–矿化度耦合条件下土壤湿润锋极大值双因素方差分析结果

来源	湿润锋极大值			
	Ⅲ类平方和	均方	F 值	显著性
G	2.700	2.700	15.638	0.001**
K	27.072	6.768	39.200	<0.001**
$G*K$	0.720	0.180	1.043	0.410

注:F 值是统计学中 F 检验的统计量。

5.2.1.2　灌溉方式–矿化度耦合效应对土壤湿润锋均值影响

图 5-8 为灌溉方式–矿化度耦合效应对土壤湿润锋均值影响。由图 5-8 可知,在矿化度一定时,经间歇灌溉和连续灌溉处理后湿润锋均值为 4.43 ~ 6.01 cm 和 3.13 ~ 4.01 cm,平均数值为 5.11 cm 和 3.50 cm,由此说明相对连续灌溉,经间歇灌溉处理对湿润锋均值具有促进作用。在灌溉方式一定时,经 K_0、$K_{1.75}$、K_3、K_4 和 K_5 处理后土壤湿润锋均值在 3.13 ~ 4.43 cm、3.13 ~ 4.74 cm、4.01 ~ 6.01 cm、3.68 ~ 5.38 cm 和 3.54 ~ 4.99 cm,平均数值为 3.78 cm、3.94 cm、5.01 cm、4.53 cm 和 4.27 cm,由此说明适当增加灌水矿化度(K_0 ~ K_3)能够促进土壤湿润锋均值,但灌溉水矿化度过高(K_3 ~ K_5)时对湿润锋均值具有抑制作用。经计算,当矿化度由 K_0 增加到 $K_{1.75}$ 和 K_3 时,经间歇灌溉 G_J 处理后土壤湿润锋均值分别增加 7.00% 和 35.67%,经 G_L 处理后结果为 0 和 28.12%;当矿化度由 K_3 增加到 K_4 和 K_5 时,经间歇灌溉 G_J 处理后土壤湿润锋均值分别减小 10.48% 和 16.97%,经 G_L 处理后结果为 8.23% 和 11.72%,说明当矿化度变化时,经 G_J 处理后的湿润锋均值变幅比 G_L 处理敏感 2.25% ~ 7.55%,各因素对土壤湿润锋均值影响可能存在交互效应。表 5-9 为灌溉方式–矿化度耦合条件下土壤湿润锋均值双因素方差分析结果。由表 5-9 可知,灌溉方式和矿化度均对土壤湿润锋均值存在极显著影响($p<0.01$),两者间交互效应对土壤湿润锋均值影响未达到显著水平。由Ⅲ类平方和计算结果可知,各个单因素及其多因素耦合效应对土壤湿润锋均值影响表现为:$G>K>G*K$。

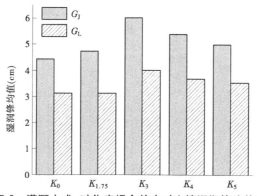

图 5-8　灌溉方式–矿化度耦合效应对土壤湿润锋均值影响

表 5-9　灌溉方式–矿化度耦合条件下土壤湿润锋均值双因素方差分析结果

来源	湿润锋均值			
	Ⅲ类平方和	均方	F 值	显著性
G	19.510	19.510	528.367	$<0.001^{**}$
K	5.796	1.449	39.239	$<0.001^{**}$
$G*K$	0.415	0.104	2.809	0.053

注:F 值是统计学中 F 检验的统计量。

5.2.2　灌溉方式–矿化度耦合效应对土壤累积入渗量影响

5.2.2.1　灌溉方式–矿化度耦合效应对土壤累积入渗量极大值影响

图 5-9 为灌溉方式–矿化度耦合效应对土壤累积入渗量极大值影响。由图 5-9 可知,在矿化度一定时,经间歇灌溉和连续灌溉处理后累积入渗量极大值在 525.95～1 015.55 mL 和 494.27～968.85 mL,平均数值为 811.28 mL 和 750.68 mL,由此说明相对连续灌溉,经间歇灌溉处理对累积入渗量极大值具有促进作用。在灌溉方式一定时,经 K_0、$K_{1.75}$、K_3、K_4 和 K_5 处理后土壤累积入渗量极大值为 494.27～525.95 mL、651.24～783.60 mL、968.85～1 015.55 mL、865.07～904.90 mL 和 774.00～826.40 mL,平均数值为 510.11 mL、717.42 mL、992.20 mL、884.99 mL 和 800.20 mL,由此说明适当增加灌水矿化度(K_0～K_3)能够对土壤累积入渗量极大值具有促进作用,但灌溉水矿化度过高(K_3～K_5)时对其具有抑制作用。经计算,当矿化度由 K_0 增加到 $K_{1.75}$ 和 K_3 时,经间歇灌溉 G_J 处理后土壤累积入渗量极大值分别增加 48.99% 和 93.09%,经 G_L 处理后结果为 31.76% 和 96.02%;当矿化度由 K_3 增加到 K_4 和 K_5 时,经间歇灌溉 G_J 处理后土壤累积入渗量极大值分别减小 10.90% 和 18.63%,经 G_L 处理后结果为 10.71% 和 20.11%,说明不同组合条件下土壤累积入渗量极大值对某因素的响应强度各不相同且会受到另一因素的影响,各因素对土壤累积入渗量极大值影响可能存在交互效应。表 5-10 为灌溉方式–矿化度耦合条件下土壤湿润锋均值双因素方差分析结果。由表 5-10 可知,灌溉方式和矿化度均对土壤累积入渗量极大值存在极显著影响($p<0.01$),两者间交互效应对土壤累积入渗量极大值存

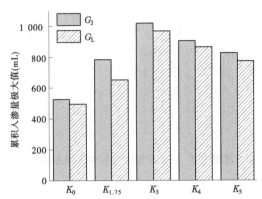

图 5-9　灌溉方式–矿化度耦合效应对土壤累积入渗量极大值影响

在显著影响($p<0.05$)。由Ⅲ类平方和计算结果可知,各个单因素及其多因素耦合效应对土壤累积入渗量极大值影响表现为:$K>G>G*K$。

表5-10　灌溉方式-矿化度耦合条件下土壤累积入渗量极大值双因素方差分析结果

来源	入渗量极大值			
	Ⅲ类平方和	均方	F 值	显著性
G	27 538.764	27 538.764	44.238	<0.001**
K	799 266.697	199 816.674	320.983	<0.001**
$G*K$	10 017.101	2 504.275	4.023	0.015*

注:F 值是统计学中 F 检验的统计量。

5.2.2.2　灌溉方式-矿化度耦合效应对土壤累积入渗量均值影响

图 5-10 为灌溉方式-矿化度耦合效应对土壤累积入渗量均值影响。由图 5-10 可知,在矿化度一定时,经间歇灌溉和连续灌溉处理后累积入渗量均值为 279.85~554.77 mL 和 182.28~379.94 mL,平均数值为 430.27 mL 和 284.29 mL,由此说明相对连续灌溉,经间歇灌溉处理对累积入渗量均值具有促进作用。在灌溉方式一定时,经 K_0、$K_{1.75}$、K_3、K_4 和 K_5 处理后土壤累积入渗量均值在 182.28~279.85 mL、237.16~397.22 mL、379.94~554.77 mL、320.66~482.33 mL 和 301.40~437.19 mL,平均数值为 231.07 mL、317.19 mL、467.36 mL、401.50 mL 和 369.30 mL,由此说明适当增加灌水矿化度($K_0~K_3$)能够促进土壤累积入渗量均值,但灌溉水矿化度过高($K_3~K_5$)时对累积入渗量均值具有抑制作用。

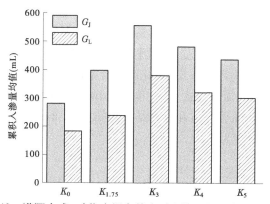

图 5-10　灌溉方式-矿化度耦合效应对土壤累积入渗量均值影响

经计算,当矿化度由 K_0 增加到 $K_{1.75}$ 和 K_3 时,经间歇灌溉 G_J 处理后土壤累积入渗量均值分别增加 41.94% 和 98.24%,经 G_L 处理后结果为 30.11% 和 108.44%;当矿化度由 K_3 增加到 K_4 和 K_5 时,经间歇灌溉 G_J 处理后土壤累积入渗量均值分别减小 13.06% 和 21.19%,经 G_L 处理后结果为 15.60% 和 20.67%,说明不同组合条件下土壤累积入渗量均值对某因素的响应强度各不相同且会受到另一因素的影响,各因素对土壤累积入渗量均值影响可能存在交互效应。表 5-11 为灌溉方式-矿化度耦合条件下土壤累积入渗量均值双因素方差分析结果。由表 5-11 可知,灌溉方式、矿化度及其耦合效应均对土壤累积入渗量均值存在极显著影响($p<0.01$)。由Ⅲ类平方和计算结果可知,各个单因素及其多因素耦合效应对土壤累积入渗量均值影响表现为:$K>G>G*K$。

表 5-11　灌溉方式-矿化度耦合条件下土壤累积入渗量均值双因素方差分析结果

来源	入渗量均值			
	Ⅲ类平方和	均方	F 值	显著性
G	159 833.960	159 833.960	548.849	<0.001**
K	190 522.217	47 630.554	163.557	<0.001**
$G*K$	5 585.862	1 396.466	4.795	0.007**

注:F 值是统计学中 F 检验的统计量。

5.2.3　灌溉方式-矿化度耦合效应对土壤入渗率影响

5.2.3.1　灌溉方式-矿化度耦合效应对土壤入渗率极小值影响

图 5-11 为灌溉方式-矿化度耦合效应对土壤入渗率极小值影响。由图 5-11 可知,在矿化度一定时,经间歇灌溉和连续灌溉处理后累积入渗率极小值为 0.005 ~ 0.017 mL/min 和 0.039~ 0.061 mL/min,平均数值为 0.012 9 mL/min 和 0.046 1 mL/min,由此说明相对连续灌溉,经间歇灌溉处理对累积入渗量极小值具有抑制作用。由图 5-11 可知,在不同灌溉方式下入渗率极小值对矿化度响应各不相同,在间歇灌溉条件下土壤入渗率极小值随矿化度增加呈先增后减的倒 V 形变化趋势,在连续灌溉条件下为 M 形变化趋势。经计算,在 K_0、$K_{1.75}$、K_3、K_4 和 K_5 条件下灌溉方式由间歇灌溉变为连续灌溉时所引起的入渗率极小值增幅分别为 673.0%、356.2%、117.3%、270.2%和 166.8%;在间歇灌溉和连续灌溉条件下矿化度变化时所引起的入渗率极小值的增幅为 0.77% ~ 240.0%和 2.36% ~ 64.3%,平均数值为 89.4%和 31.8%,由此可知在不同组合条件下入渗率极小值对某一因素的响应强度各不相同且受另一因素影响,各因素对土壤入渗率极小值影响可能存在交互效应。表 5-12 为灌溉方式-矿化度耦合条件下土壤入渗率极小值双因素方差分析结果。由表 5-12 可知,灌溉方式、矿化度及其耦合效应均对土壤入渗率极小值存在极显著影响($p<0.01$)。由Ⅲ类平方和计算结果可知,各个单因素及其多因素耦合效应对土壤入渗率极小值影响表现为:$G>K>G*K$。

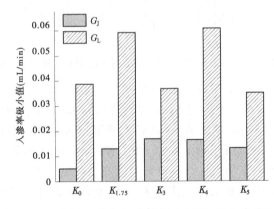

图 5-11　灌溉方式-矿化度耦合效应对土壤入渗率极小值影响

表 5-12　灌溉方式–矿化度耦合条件下土壤入渗率极小值双因素方差分析

来源	入渗率极小值			
	Ⅲ类平方和	均方	F 值	显著性
G	0.008	0.008	2 856.415	$<0.001^{**}$
K	1.329×10^{-3}	3.320×10^{-4}	114.752	$<0.001^{**}$
$G*K$	9.000×10^{-4}	2.250×10^{-4}	77.708	$<0.001^{**}$

注: F 值是统计学中 F 检验的统计量。

5.2.3.2　灌溉方式–矿化度耦合效应对土壤入渗率极大值影响

图 5-12 为灌溉方式–矿化度耦合效应对土壤入渗率极大值影响。由图 5-12 可知,在不同灌溉方式下入渗率极大值对矿化度响应各不相同,在间歇灌溉条件下土壤入渗率极大值随矿化度增加呈先减后增再减的折线形变化趋势,在连续灌溉条件下这一结果为先指数增加后趋于稳定的变化趋势。除 $K_{1.75}$ 条件下间歇灌溉处理后入渗率极大值高于连续灌溉处理后的,其余矿化度条件下间歇灌溉处理较连续灌溉对入渗率极大值具有 7.19%~53.10%(均值 35.0%)的正效应。经计算,在 K_0、K_3、K_4 和 K_5 条件下灌溉方式由间歇灌溉变为连续灌溉时所引起的入渗率极大值的增幅分别为 0.531%、0.713%、0.082% 和 0.072%,在 $K_{1.75}$ 条件下所引起的减幅为 0.265%。在间歇灌溉和连续灌溉条件下矿化度变化时所引起的入渗率极大值的增幅为 0~245.6% 和 0~85.3%,平均数值为 74.1% 和 40.9%,由此可知在不同组合条件下入渗率极大值对某一因素的响应强度各不相同且受另一因素影响,各因素对土壤入渗率极大值影响可能存在交互效应。表 5-13 为灌溉方式–矿化度耦合条件下土壤入渗率极大值双因素方差分析结果。由表 5-13 可知,灌溉方式、矿化度及其耦合效应均对土壤入渗率极大值存在极显著影响($p<0.01$)。由Ⅲ类平方和计算结果可知,各个单因素及其多因素耦合效应对土壤入渗率极大值影响表现为: $K>G*K>G$。

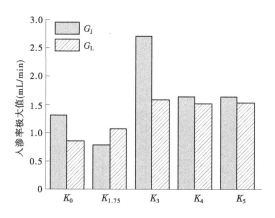

图 5-12　灌溉方式–矿化度耦合效应对土壤入渗率极大值影响

表 5-13　　灌溉方式–矿化度耦合条件下土壤入渗率极大值双因素方差分析结果

来源	入渗率极大值			
	Ⅲ类平方和	均方	F 值	显著性
G	0.707	0.707	229.813	$<0.001^{**}$
K	5.593	1.398	454.224	$<0.001^{**}$
$G*K$	1.678	0.419	136.253	$<0.001^{**}$

注:F 值是统计学中 F 检验的统计量。

5.2.3.3　灌溉方式–矿化度耦合效应对土壤入渗率均值影响

图 5-13 为灌溉方式–矿化度耦合效应对土壤入渗率均值影响。由图 5-13 可知,在矿化度一定时,经间歇灌溉和连续灌溉处理后入渗率均值为 0.151~0.327 mL/min 和 0.217~0.455 mL/min,平均数值为 0.226 mL/min 和 0.338 mL/min,由此说明相对连续灌溉,经间歇灌溉处理对入渗率均值具有抑制作用。在灌溉方式一定时,经 K_0、$K_{1.75}$、K_3、K_4 和 K_5 处理后土壤入渗率均值在 0.151~0.217 mL/min、0.186~0.289 mL/min、0.327~0.455 mL/min、0.242~0.378 mL/min 和 0.225~0.349 mL/min,平均数值为 0.184 mL/min、0.238 mL/min、0.391 mL/min、0.310 mL/min 和 0.287 mL/min,由此说明适当增加灌溉水矿化度($K_0 \sim K_3$)能够促进土壤入渗率均值,但灌溉水矿化度过高($K_3 \sim K_5$)时对入渗率均值具有抑制作用。

经计算,当矿化度由 K_0 增加到 $K_{1.75}$ 和 K_3 时,经间歇灌溉 G_J 处理后土壤入渗率均值分别增加 23.18% 和 116.56%,经 G_L 处理后结果为 33.18% 和 109.68%;当矿化度由 K_3 增加到 K_4 和 K_5 时,经间歇灌溉 G_J 处理后土壤入渗率均值分别减小 25.99% 和 31.19%,经 G_L 处理后结果是 16.92% 和 23.30%,说明当矿化度变化时,经 G_J 处理后的入渗率均值变幅比 G_L 处理敏感 6.88%~10.00%。在间歇灌溉和连续灌溉条件下矿化度变化时所引起的入渗率均值增幅为 7.02%~116.56% 和 7.62%~110.13%,平均数值为 44.01% 和 43.63%。由此可知在不同组合条件下入渗率均值对某一因素的响应强度各不相同且受另一因素影响,各因素对土壤入渗率均值影响可能存在交互效应。表 5-14 为灌溉方式–矿化度耦合条件下土壤入渗率均值双因素方差分析结果。由表 5-14 可知,灌溉方式、矿化度及其耦合效应均对土壤入渗率均值存在极显著影响($p<0.01$)。由Ⅲ类平方和计算结果可知,各个单因素及其多因素耦合效应对土壤入渗率均值影响表现为:$K>G>G*K$。

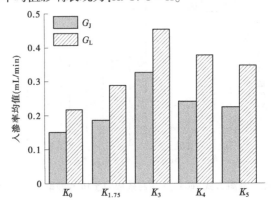

图 5-13　灌溉方式–矿化度耦合效应对土壤入渗率均值影响

表 5-14　灌溉方式-矿化度耦合条件下土壤入渗率均值双因素方差分析结果

来源	入渗率均值			
	Ⅲ类平方和	均方	F 值	显著性
G	0.093	0.093	698.879	<0.001**
K	0.146	0.036	274.695	<0.001**
G*K	0.005	0.001	9.067	<0.001**

注:F 值是统计学中 F 检验的统计量。

5.2.4　灌溉方式-矿化度耦合效应对土壤含水率分布影响

5.2.4.1　灌溉方式-矿化度耦合效应对土壤含水率极大值影响

图 5-14 为灌溉方式-矿化度耦合效应对土壤含水率极大值影响。由图 5-14 可知,经不同灌溉方式处理下含水率极大值间的差异小于 2.38%,经不同矿化度处理下含水率极大值间的差异小于 3.09%,说明不同灌溉方式和矿化度处理对含水率极大值影响较小。表 5-15 为灌溉方式-矿化度耦合条件下土壤含水率极大值双因素方差分析结果。由表 5-15 可知,灌溉方式、矿化度及其耦合效应对含水率极大值影响均未达到显著水平。由Ⅲ类平方和计算结果可知,各个单因素及其多因素耦合效应对土壤含水率极大值影响表现为:$K > G*K > G$。

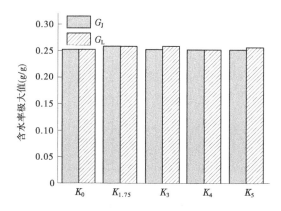

图 5-14　灌溉方式-矿化度耦合效应对土壤含水率极大值影响

表 5-15　灌溉方式-矿化度耦合条件下土壤含水率极大值双因素方差分析结果

来源	含水率极大值			
	Ⅲ类平方和	均方	F 值	显著性
G	3.000×10^{-5}	3.000×10^{-5}	0.240	0.629
K	1.540×10^{-4}	3.855×10^{-5}	0.309	0.869
G*K	6.300×10^{-5}	1.575×10^{-5}	0.126	0.971

注:F 值是统计学中 F 检验的统计量。

5.2.4.2　灌溉方式-矿化度耦合效应对土壤含水率均值影响

图 5-15 为灌溉方式-矿化度耦合效应对土壤含水率均值影响。由图 5-15 可知,在矿化度一定时,经间歇灌溉和连续灌溉处理后含水率均值在 0.188 ~ 0.198 g/g 和 0.177 ~

0.195 g/g,平均数值为 0.193 g/g 和 0.187g/g,由此说明相对连续灌溉,经间歇灌溉处理对含水率均值具有促进作用。在灌溉方式一定时,经 K_0、$K_{1.75}$、K_3、K_4 和 K_5 处理后土壤含水率均值在 0.177~0.188 g/g、0.182~0.192 g/g、0.195~0.198 g/g、0.191~0.193 g/g 和 0.189~0.194 g/g,平均数值为 0.183 g/g、0.188 g/g、0.197 g/g、0.192 g/g 和 0.192 g/g,由此说明适当增加灌溉水矿化度(K_0~K_3)能够促进土壤含水率均值,但灌溉水矿化度过高(K_3~K_5)时对含水率均值具有抑制作用。经计算,当矿化度由 K_0 增加到 $K_{1.75}$ 和 K_3 时,经间歇灌溉 G_J 处理后土壤含水率均值分别增加 2.66% 和 5.32%,经 G_L 处理后结果为 2.82% 和 10.25%;当矿化度由 K_3 增加到 K_4 和 K_5 时,经间歇灌溉 G_J 处理后土壤含水率均值分别减小 2.53% 和 2.02%,经 G_L 处理后结果为 2.05% 和 3.08%。在间歇灌溉和连续灌溉条件下矿化度变化时所引起的含水率均值的增幅为 0~5.31% 和 1.42%~10.25%,平均数值为 2.20% 和 5.06%。由此可知在不同组合条件下含水率均值对某一因素的响应强度各不相同且受另一因素影响,各因素对土壤含水率均值影响可能存在交互效应。表 5-16 为灌溉方式–矿化度耦合条件下土壤含水率均值双因素方差分析结果。由表 5-16 可知,灌溉方式和矿化度对含水率均值影响均达到显著水平($p < 0.05$),两者间交互效应对含水率均值影响并未达到显著水平。由Ⅲ类平方和计算结果可知,各个单因素及其多因素耦合效应对土壤含水率均值影响表现为:$K > G > G * K$。

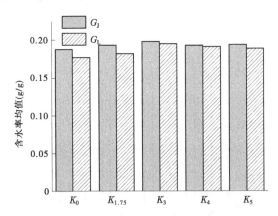

图 5-15　灌溉方式–矿化度耦合效应对土壤含水率均值影响

表 5-16　灌溉方式–矿化度耦合条件下土壤含水率均值双因素方差分析结果

来源	含水率均值			
	Ⅲ类平方和	均方	F 值	显著性
G	3.02×10^{-4}	3.02×10^{-4}	5.480	0.030*
K	6.75×10^{-4}	1.69×10^{-4}	3.063	0.040*
$G * K$	1.19×10^{-4}	2.978×10^{-5}	0.541	0.708

注:F 值是统计学中 F 检验的统计量。

5.2.5　灌溉方式–矿化度耦合效应对土壤盐分分布影响

5.2.5.1　灌溉方式–矿化度耦合效应对土壤电导率极小值影响

图 5-16 为灌溉方式–矿化度耦合效应对土壤电导率极小值影响。由图 5-16 可知,在矿化度 K_0 条件下间歇灌溉处理后土壤电导率较连续灌溉处理后的低 5.6%,在其余矿化度条件下经间歇灌溉和连续灌溉处理后土壤电导率极小值为 427~698 μs/cm 和 417~654 μs/cm,平均数值为 572.25 μs/cm 和 547.5 μs/cm,间歇灌溉处理较连续灌溉处理对电导率极小值具有促进作用。在灌溉方式一定时,经 K_0、$K_{1.75}$、K_3、K_4 和 K_5 处理后土壤含水率均值介于 335~355 μs/cm、417~427 μs/cm、493~527 μs/cm、626~637 μs/cm 和 654~698 μs/cm,平均数值为 345 μs/cm、422 μs/cm、510 μs/cm、631.5 μs/cm 和 676 μs/cm,由此说明土壤电导率极小值与灌溉水矿化度呈正相关,增加灌溉水矿化度对土壤电导率极小值具有线性促进作用。经计算,在 $K_{1.75}$、K_3、K_4 和 K_5 条件下灌溉方式由连续灌溉变为间歇灌溉时所引起的入渗率极小值的增幅分别为 2.40%、6.90%、1.76% 和 6.73%,在 K_0 条件下所引起的减幅为 5.63%。在间歇灌溉和连续灌溉条件下矿化度变化时所引起的电导率极小值增幅为 9.58%~108.36% 和 4.47%~84.23%,平均数值为 48.22% 和 40.62%,由此可知在不同组合条件下电导率极小值对某一因素的响应强度各不相同且受另一因素影响,各因素对土壤电导率极小值影响可能存在交互效应。表 5-17 为灌溉方式–矿化度耦合条件下土壤电导率极小值双因素方差分析结果。由表 5-17 可知,矿

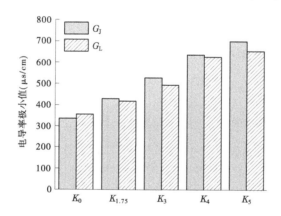

图 5-16　灌溉方式–矿化度耦合效应对土壤电导率极小值影响

表 5-17　灌溉方式–矿化度耦合条件下土壤电导率极小值双因素方差分析结果

来源	电导率极小值			
	Ⅲ类平方和	均方	F	显著性
G	1 872.300	1 872.300	3.574	0.073
K	462 295.200	115 573.800	220.592	<0.001**
$G*K$	3 697.200	924.300	1.764	0.176

注:F 值是统计学中 F 检验的统计量。

化度对土壤电导率极小值影响达到极显著水平($p<0.01$)，灌溉方式及双因素交互效应对电导率极小值影响并未达到显著水平。由Ⅲ类平方和计算结果可知，各个单因素及其多因素耦合效应对土壤电导率极小值影响表现为：$K>G*K>G$。

5.2.5.2　灌溉方式–矿化度耦合效应对土壤电导率极大值影响

图5-17为灌溉方式–矿化度耦合效应对土壤电导率极大值影响。由图5-17可知，在矿化度一定时，经间歇灌溉和连续灌溉处理后土壤电导率极大值为646～848 μs/cm和651～914 μs/cm，平均数值为745.6 μs/cm和771.6 μs/cm，间歇灌溉处理较连续灌溉处理对电导率极大值具有抑制作用。在灌溉方式一定时，经K_0、$K_{1.75}$、K_3、K_4和K_5处理后土壤电导率极大值为646～651 μs/cm、715～719 μs/cm、760～781 μs/cm、759～793 μs/cm和848～914 μs/cm，平均数值为648.5 μs/cm、717 μs/cm、770.5 μs/cm、776 μs/cm和881 μs/cm，由此说明土壤电导率极大值与灌溉水矿化度呈正相关，增加灌溉水矿化度对土壤电导率极大值具有线性促进作用。经计算，在K_0、$K_{1.75}$、K_3、K_4和K_5条件下灌溉方式由连续灌溉变为间歇灌溉时所引起的电导率极大值的增幅分别为0.77%、0.56%、2.76%、4.48%和7.78%。在间歇灌溉和连续灌溉效应对矿化度变化时所引起的电导率极大值的增幅为0.13%～31.27%和1.54%～40.40%，平均数值为13.16%和17.25%，由此可知在不同组合条件下电导率极大值对某一因素的响应强度各不相同且受另一因素影响，各因素对土壤电导率极大值影响可能存在交互效应。表5-18为灌溉方式–矿化度耦合效应对土壤电导率极大值双因素方差分析结果。由表5-18可知，灌溉方式对土壤电导率极大值影响达

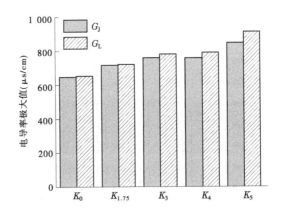

图5-17　灌溉方式–矿化度耦合效应对土壤电导率极大值影响

表5-18　灌溉方式–矿化度耦合效应对土壤电导率极大值双因素方差分析结果

来源	电导率极大值			
	Ⅲ类平方和	均方	F值	显著性
G	5 070.000	5 070.000	5.475	0.030*
K	175 672.200	43 918.050	47.425	<0.001**
$G*K$	3 921.000	980.250	1.059	0.403

注：F值是统计学中F检验的统计量。

到显著水平($p<0.05$)，矿化度对土壤电导率极大值影响达到极显著水平($p<0.01$)，双因素交互效应对电导率极大值影响并未达到显著水平。由Ⅲ类平方和计算结果可知，各个单因素及其多因素耦合效应对土壤电导率极大值影响表现为：$K>G>G*K$。

5.2.5.3　灌溉方式–矿化度耦合效应对土壤电导率均值影响

图 5-18 为灌溉方式–矿化度耦合效应对土壤电导率均值影响。由图 5-18 可知，在矿化度 K_0 和 K_5 条件下间歇灌溉处理后土壤电导率均值较连续灌溉处理后对电导率均值具有抑制作用，在其余矿化度条件下经间歇灌溉和连续灌溉处理后土壤电导率均值在 542.67~683.50 $\mu s/cm$ 和 521.60~683.33 $\mu s/cm$，平均数值为 618.25 $\mu s/cm$ 和 606.64 $\mu s/cm$，间歇灌溉处理较连续灌溉处理对电导率均值具有促进作用。经计算，在 $K_{1.75}$、K_3 和 K_4 条件下灌溉方式由连续灌溉变为间歇灌溉时所引起电导率均值的增幅分别为 4.04%、2.21% 和 0.02%，在 K_0 和 K_5 条件下所引起的减幅为 2.78% 和 0.93%。在间歇灌溉和连续灌溉条件下矿化度变化时所引起的电导率均值的增幅为 8.74%~69.92% 和 10.73%~66.74%，平均数值为 30.79% 和 30.66%，由此可知在不同组合条件下电导率均值对某一因素的响应强度各不相同且受另一因素影响，各因素对土壤电导率均值影响可能存在交互效应。表 5-19 为灌溉方式–矿化度耦合效应对土壤电导率均值双因素方差分析结果。由表 5-19 可知，矿化度对土壤电导率均值影响达到极显著水平($p<0.01$)，灌溉方式及双因素交互效应对电导率均值影响并未达到显著水平。由Ⅲ类平方和计算结果可知，各个单因素及其多因素耦合效应对土壤电导率均值影响表现为：$K>G*K>G$。

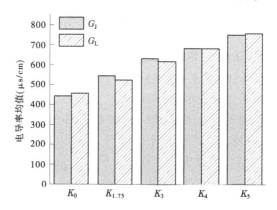

图 5-18　灌溉方式–矿化度耦合效应对土壤电导率均值影响

表 5-19　灌溉方式–矿化度耦合效应对土壤电导率均值双因素方差分析结果

来源	电导率均值			
	Ⅲ类平方和	均方	F 值	显著性
G	69.403	69.403	0.217	0.646
K	350 800.377	87 700.094	274.746	$<0.001^{**}$
$G*K$	1 184.415	296.104	0.928	0.468

注：F 值是统计学中 F 检验的统计量。

5.3　小　结

本章主要探究灌溉方式-矿化度耦合条件下土壤水盐入渗及分布特性,得出以下主要结论:

(1)经 G_L 处理后土壤湿润锋和累积入渗量均随时间呈对数型递增趋势,经 G_J 处理后均呈"对数型+台阶式"递增趋势。经 G_L 处理后土壤入渗率随时间呈急速下降、缓慢下降并趋于稳定趋势,而经 G_J 处理后还伴随"台阶式"递减趋势。 G_L 和 G_J 处理后土壤含水率均随土壤深度增加呈递减趋势,并在湿润锋附近突变至初始含水率。 G_L 和 G_J 处理后土壤电导率随土壤深度增加呈先减后增趋势。 G_J 处理相较 G_L 处理对湿润锋及累积入渗量的极大值、均值有促进作用,对时间变异性有抑制作用。土壤湿润锋与累积入渗量之间均呈线性关系。相对 G_L 处理, G_J 处理对土壤入渗率极小值和均值、土壤含水率极大值、土壤电导率极大值和空间变异性均存在抑制作用,但对土壤入渗率极大值和时间变异性、土壤含水率均值和空间变异性、电导率极小值和均值均存在促进作用。

(2)灌溉方式和矿化度均对土壤湿润锋极大值和均值存在极显著影响($p<0.01$),各因素及其多因素耦合效应对土壤湿润锋极大值和均值影响分别表现为: $K>G>G*K$ 和 $G>K>G*K$。灌溉方式和矿化度对土壤累积入渗量极大值和均值存在极显著影响($p<0.01$)。多因素耦合效应对土壤累积入渗量极大值和均值分别存在显著影响($p<0.05$)和极显著影响($p<0.01$),各因素及其多因素耦合效应对土壤累积入渗量极大值和均值影响均表现为: $K>G>G*K$。灌溉方式、矿化度及其耦合效应均对土壤入渗率极小值、极大值和均值存在极显著影响($p<0.01$),各因素及其多因素耦合效应对土壤入渗率极小值、极大值和均值影响分别表现为: $G>K>G*K$、$K>G*K>G$ 和 $K>G>G*K$。灌溉方式和矿化度对土壤含水率均值影响均达到显著水平($p<0.05$)。各因素及多因素耦合效应对土壤含水率极大值和均值影响分别表现为: $K>G*K>G$ 和 $K>G>G*K$。矿化度对土壤电导率极小值、极大值和均值影响达到极显著水平($p<0.01$),灌溉方式对土壤电导率极大值影响达到显著水平($p<0.05$)。单因素及多因素耦合效应对土壤电导率极小值和均值影响表现为: $K>G*K>G$,对土壤电导率极大值影响表现为: $K>G>G*K$。

第6章　灌溉方式-交替次序耦合条件下土壤水盐入渗及分布特征

在淡水资源短缺危机的背景下,微咸水等非常规水资源开发及合理利用已经成为全球研究热点(Morales-garcia 等,2011;Sharma 等,2005)。目前,微咸水灌溉利用方式可分为四种:微咸水直接灌溉(杨培岭等,2020)、咸淡水混合灌溉(朱瑾瑾等,2020)、咸淡水轮灌及咸淡水交替灌溉(朱成立等,2017;朱瑾瑾等,2020)。相较连续直接微咸水灌溉,交替灌溉可一定程度上降低土壤盐渍化程度(Wang 等,2019),有效地减缓盐分对土壤作物系统的负面影响(Li 等,2019),并且咸淡水交替次序不同会导致土壤盐分分布不同(朱成立等,2017;刘小媛等,2017),最终影响作物正常生长生理(翟亚明等,2019;郭梦吉等,2016)。选择合理的灌溉方式是优化咸淡水交替灌溉制度的关键,与连续入渗相比,间歇入渗条件下的土壤会经历干湿交替过程,导致土壤表层结构性状发生改变,进而影响土壤水分入渗能力(贾辉等,2007)。本章采用灌溉方式-交替次序耦合条件下土壤水分一维垂直入渗试验,对不同处理下土壤湿润锋、累积入渗量、入渗率、吸湿率、含水率及电导率进行监测,旨在探究各因素及其因素间耦合效应对土壤水盐入渗及分布特征影响,为科学利用微咸水资源和制定适宜合理的灌溉模式提供理论依据。

6.1　灌溉方式-交替次序耦合条件下土壤水分运动特性

6.1.1　灌溉方式-交替次序耦合效应对土壤湿润锋影响

6.1.1.1　交替次序对土壤湿润锋影响

1. 连续灌溉条件下

图6-1 连续灌溉条件下不同交替次序条件下对土壤湿润锋的影响。由图6-1可知,不同交替次序处理下土壤湿润锋随时间呈对数型增加趋势。在相同灌水量条件下,不同交替次序处理后土壤湿润锋最大推移距离各不相同,整个湿润锋行进过程耗时也不相同。在连续灌溉条件下不同交替次序对土壤湿润锋最大推移距离影响表现为:$C_{DX} > C_{DXDX} > C_{XD} > C_{XDXD}$,且经过一次交替处理相较两次交替处理后的水分推移距离更远。相对 C_{XDXD} 处理,经 C_{DXDX}、C_{XD} 和 C_{DX} 处理后湿润锋行进过程耗时能够分别增加16.9%、49.4%和101.3%,连续灌溉条件下不同交替次序对湿润锋行进过程净耗时长短表现为:$C_{DX} > C_{XD} > C_{DXDX} > C_{XDXD}$。为了进一步准确探明不同交替次序对连续灌溉土壤湿润锋的影响,对数据样本进行了描述性统计。表6-1为连续灌溉不同交替次序条件下土壤湿润锋统计学特征值。由表6-1可知,相对 C_{XDXD} 处理,经 C_{XD}、C_{DXDX} 和 C_{DX} 处理后土壤湿润锋极大值能够分别增加6.25%、13.75%和20.0%,不同交替次序对湿润锋极大值影响表现为:$C_{DX} > C_{DXDX} > C_{XD} > C_{XDXD}$。相对 C_{XD} 处理,经 C_{DXDX}、C_{DX} 和 C_{XDXD} 处理后土壤湿润锋均值能够分别

增加 5.54%、0.69% 和 0.67%,不同交替次序对湿润锋均值影响表现为:$C_{DXDX} > C_{XD} > C_{XDXD} > C_{DX}$。相对 C_{DXDX} 处理,经 C_{DX}、C_{XD} 和 C_{XDXD} 处理后土壤湿润锋变异系数能够分别增加 40.7%、16.1% 和 2.3%,不同交替次序对土壤湿润锋变异系数影响表现为:$C_{DX} > C_{XD} > C_{XDXD} > C_{DXDX}$,以 C_{DX} 处理的作用效果最为明显。

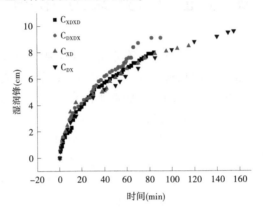

图 6-1 连续灌溉不同交替次序条件下对土壤湿润锋的影响

表 6-1 连续灌溉不同交替次序条件下土壤湿润锋统计学特征值

处理	统计学指标				
	极小值	极大值	均值	标准差	变异系数
C_{DX}	0	9.600	4.750	3.196	0.674
C_{DXDX}	0	9.100	5.013	2.397	0.479
C_{XD}	0	8.500	4.783	2.659	0.556
C_{XDXD}	0	8.000	4.782	2.342	0.490

为了进一步量化连续灌溉不同交替次序条件下土壤湿润锋动态变化特征,采用幂函数模型[式(3-1)]对其进行了定量描述,具体模型参数及精度如表 6-2 所示。由表 6-2 可知,不同交替次序处理后湿润锋幂函数模型决定系数 R^2 介于 0.989 9~0.997 9,R^2 平均值为 0.993 3,说明采用幂函数模型对连续灌溉不同交替次序处理下土壤湿润锋进行定量描述是合理可行的。在幂函数模型中,参数 a 和 b 分别反映了土壤湿润锋扩散系数和扩散指数。由表 6-2 可知,连续灌溉不同交替次序处理后土壤湿润锋扩散系数差异为 5.39%~38.1%,平均值为 17.2%,不同处理间的土壤湿润锋扩散系数大小表现为:$C_{XD} > C_{DX} > C_{DXDX} > C_{XDXD}$;连续灌溉不同交替次序处理后土壤湿润锋扩散指数差异为 0.47%~20.55%,平均值为 11.2%,不同处理间的土壤湿润锋扩散指数大小表现为:$C_{DXDX} > C_{XDXD} > C_{DX} > C_{XD}$。由此说明,不同交替次序对土壤湿润锋扩散系数和扩散指数影响明显。

表 6-2　连续灌溉不同交替次序条件下湿润锋幂函数模型参数及精度

参数及精度	交替次序			
	C_{XD}	C_{DX}	C_{DXDX}	C_{XDXD}
a_1	1.066 0	0.885 3	0.837 6	0.771 9
b_1	0.443 9	0.476 6	0.535 1	0.532 6
R^2	0.989 9	0.997 9	0.992 7	0.992 8

2. 间歇灌溉条件下

图 6-2 为间歇灌溉条件下交替次序对土壤湿润锋影响。由图 6-2 可知，间歇灌溉不同交替次序处理后土壤湿润锋随时间呈"对数—阶梯状"组合型增加趋势。由图 6-2 可知，在相同灌水量条件下，间歇灌溉不同交替次序处理后土壤湿润锋最大推移距离各不相同，整个灌溉入渗过程耗时也不相同。间歇灌溉条件下不同交替次序对土壤湿润锋最大推移距离影响表现为：$C_{DXDX} > C_{DX} > C_{XD} > C_{XDXD}$，说明在相同灌水量下，经过一次交替处理相较两次交替处理能够将水分推移更远，先淡后咸交替次序比先咸后淡交替次序对水分推移距离具有促进作用。相对 C_{XDXD} 处理，经 C_{DXDX}、C_{XD} 和 C_{DX} 处理后土壤水分入渗耗时能够分别增加 44.88%、22.22% 和 33.33%，间歇灌溉条件下不同交替次序对入渗过程净耗时长短表现为：$C_{DXDX} > C_{DX} > C_{XD} > C_{XDXD}$，说明在相同灌水量下，经过一次交替处理相较两次交替处理水分入渗耗时更多，先淡后咸交替次序比先咸后淡交替次序处理后的土壤水分入渗耗时更多。

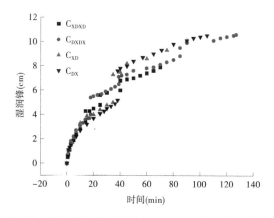

图 6-2　间歇灌溉条件下交替次序对土壤湿润锋影响

为了进一步准确探明间歇灌溉不同交替次序对间歇灌溉土壤湿润锋的影响，对数据样本进行了描述性统计。表 6-3 为间歇灌溉不同交替次序条件下土壤湿润锋统计学特征值。由表 6-3 可知，相对 C_{XDXD} 处理，经 C_{XD}、C_{DX} 和 C_{DXDX} 处理后土壤湿润锋极大值能够分别增加 27.85%、32.91% 和 34.18%，湿润锋均值能够分别增加 3.5%、27.3%、37.3%，不同交替次序对间歇灌溉湿润锋极大值和均值影响均表现为：$C_{DXDX} > C_{DX} > C_{XD} > C_{XDXD}$。相对 C_{DXDX}、处理，经 C_{DX}、C_{XD} 和 C_{XDXD} 处理后土壤湿润锋变异系数能够分别增加 21.2%、33.4% 和 14.2%，不同交替次序对土壤湿润锋变异系数影响表现为：$C_{XD} > C_{DX} > C_{XDXD} > C_{DXDX}$，以 C_{XDXD} 处理的作用效果最为明显。

表 6-3　间歇灌溉不同交替次序条件下土壤湿润锋统计学特征值

处理	统计学指标				
	极小值	极大值	均值	标准差	变异系数
C_{DX}	0	10.500	5.564	3.474	0.624
C_{DXDX}	0	10.600	6.000	3.087	0.515
C_{XD}	0	10.100	4.542	3.119	0.687
C_{XDXD}	0	7.900	4.370	2.568	0.588

为了进一步量化间歇灌溉不同交替次序条件下土壤湿润锋动态变化特征,采用分段幂函数模型对其进行了定量描述,具体模型参数及其精度如表 6-4 所示。由表 6-4 可知,间歇灌溉不同交替次序处理下土壤湿润锋幂函数模型决定系数 R^2 介于 0.889 1~0.998 0, R^2 平均值为 0.970 7,说明采用分段幂函数模型对间歇灌溉不同交替次序处理下土壤湿润锋进行定量描述是合理可行的。在幂函数模型中,参数 a 和 b 分别反映了土壤湿润锋扩散系数和扩散指数。相对 C_{XDXD} 处理,经 C_{DX}、C_{DXDX} 和 C_{XD} 处理后阶段 I 土壤湿润锋扩散系数分别增加 14.61%、32.68% 和 33.83%,扩散指数分别减小 15.10%、17.10% 和 19.52%。相对 C_{XD} 处理,经 C_{DX}、C_{DXDX} 和 C_{XDXD} 处理后阶段 II 土壤湿润锋扩散系数分别增加 4.85%、17.76% 和 9.19%,扩散指数分别减小 2.63%、27.53% 和 38.43%。由此说明,不同交替次序能够明显改变土壤湿润锋扩散系数和扩散指数。经 C_{XD}、C_{DX} 和 C_{DXDX} 处理后土壤扩散系数随入渗阶段增加均呈逐步增加趋势,平均增幅为 92.22%,而经 C_{XDXD} 处理后这一结果为先增后减单峰形变化趋势。经 C_{XD}、C_{DX} 和 C_{DXDX} 处理后土壤扩散指数整体随入渗阶段增加呈逐步递减趋势,而经 C_{XDXD} 处理后这一结果为先减后增单峰形变化趋势。

表 6-4　间歇灌溉不同交替次序条件下湿润锋幂函数模型参数及精度

阶段数	参数及精度	交替次序			
		C_{XD}	C_{DX}	C_{DXDX}	C_{XDXD}
阶段 I	a_1	1.051 4	0.900 4	1.042 3	0.785 6
	b_1	0.448 9	0.473 6	0.462 4	0.557 8
	R^2	0.987 3	0.998 0	0.995 8	0.995 9
阶段 II	a_2	2.260 7	2.370 4	2.662 3	2.468 4
	b_2	0.330 2	0.321 5	0.239 3	0.203 3
	R^2	0.977 7	0.997 0	0.964 7	0.889 1
阶段 III	a_3			2.770 8	3.541 4
	b_3			0.255 2	0.143 5
	R^2			0.971 5	0.981 1
阶段 IV	a_4			3.416 9	2.473 2
	b_4			0.232 6	0.269 5
	R^2			0.942 0	0.948 0

6.1.1.2　灌溉方式对土壤湿润锋影响

图 6-3 为不同交替次序下灌溉方式对土壤湿润锋影响。由图 6-3 可知,在 C_{DX} 处理 0~38 min、C_{XD} 处理 0~34.5 min、C_{DXDX} 处理 0~18 min 和 C_{XDXD} 处理 0~14 min,经间歇灌溉 G_J 和连续灌溉 G_L 处理后湿润锋均随时间呈对数型增加趋势,且两种处理后土壤湿润锋数值差异较小;在 38 min、34.5 min、18 min 和 14 min 特征时刻,经间歇灌溉处理后土壤湿润锋会分别出现 2.4 cm、2.3 cm、1.4 cm 和 0.9 cm 突增。在此特征时刻之后,经间歇灌溉处理后湿润锋随时间增加呈阶梯状增加趋势,而经连续灌溉处理后湿润锋随时间增加继续呈对数型增加趋势。

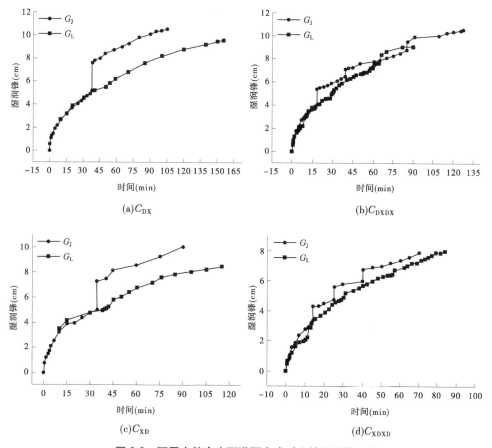

图 6-3　不同交替次序下灌溉方式对土壤湿润锋影响

为了进一步深入比较两种灌溉方式对土壤湿润锋的影响程度,对数据样本进行了统计学描述性分析。表 6-5 为不同交替次序下灌溉方式对土壤湿润锋统计特征值。经 G_J 处理后湿润锋极大值和均值分别是 G_L 处理后的 0.99~1.19 倍和 0.91~1.20 倍,均值为 1.11 倍和 1.06 倍,说明相比连续灌溉方式,在相同灌水量下间歇灌溉方式能够将土壤水分推移更远。经 G_J 和 G_L 处理后湿润锋变异系数分别为 0.515~0.687 和 0.479~0.674,平均值为 0.604 和 0.550,说明相较连续灌溉,间歇灌溉方式会导致土壤湿润锋时间变异性增加。

表 6-5　不同交替次序下灌溉方式对土壤湿润锋统计特征值影响

交替模式	灌溉方式	统计学指标				
		极小值	极大值	均值	标准差	变异系数
C_{DXDX}	G_J	0	10.600	6.000	3.087	0.515
	G_L	0	9.100	5.013	2.397	0.479
C_{XD}	G_J	0	10.100	4.542	3.119	0.687
	G_L	0	8.500	4.783	2.659	0.556
C_{DX}	G_J	0	10.500	5.564	3.474	0.624
	G_L	0	9.600	4.750	3.196	0.674
C_{XDXD}	G_J	0	7.900	4.370	2.568	0.588
	G_L	0	8.000	4.782	2.342	0.490

采用分段幂函数模型[式(3-1)]对不同灌溉方式下土壤湿润锋动态进行了量化描述,模型参数及精度如表 6-6~表 6-9 所示。由表 6-6~表 6-9 可知,在 C_{DX} 和 C_{XD} 交替次序下,经间歇灌溉 G_J 处理后阶段Ⅰ扩散系数分别是连续灌溉 G_L 处理结果的 1.017 倍和 0.986 倍,在阶段Ⅱ这一结果为 2.678 倍和 2.121 倍。在 C_{DXDX} 和 C_{XDXD} 交替次序下,经间歇灌溉 G_J 处理后阶段Ⅰ扩散系数分别是连续灌溉 G_L 处理结果的 1.24 倍和 1.02 倍,在阶段Ⅱ、阶段Ⅲ和阶段Ⅳ这一结果分别为 3.18 和 3.20 倍、3.31 和 4.59 倍、4.08 和 3.20 倍。由此说明,对于单次交替下间歇灌溉 G_J 相较连续灌溉 G_L 对阶段Ⅱ的扩散系数具有促进作用,对于两次交替间歇灌溉 G_J 相较连续灌溉 G_L 对任意阶段的扩散系数均具有促进作用。在 C_{DX} 和 C_{XD} 交替次序下,经间歇灌溉 G_J 处理后阶段Ⅰ扩散指数分别是连续灌溉处理结果的 0.994 倍和 1.011 倍,在阶段Ⅱ这一结果为 0.675 倍和 0.744 倍。在 C_{DXDX} 和 C_{XDXD} 交替次序下,经间歇灌溉 G_J 处理后阶段Ⅰ、阶段Ⅱ、阶段Ⅲ和阶段Ⅳ扩散指数分别是连续灌溉 G_L 处理结果的 0.864 和 1.047 倍、0.447 和 0.382 倍、0.477 和 0.269 倍、0.435 和 0.506 倍。由此说明,对于单次交替下间歇灌溉 G_J 相较连续灌溉 G_L 对阶段Ⅱ的扩散指数具有抑制作用;对于两次交替,除 C_{XDXD} 交替下间歇灌溉 G_J 在阶段Ⅰ相较连续灌溉 G_L 对扩散指数具有促进作用,其余交替模式下间歇灌溉 G_J 相较连续灌溉 G_L 均对扩散指数具有抑制作用。

表 6-6　不同交替次序下灌溉方式对土壤湿润锋模型参数影响(C_{DX})

参数及精度	间歇灌溉(G_J)		连续灌溉 (G_L)
	阶段Ⅰ	阶段Ⅱ	
a	0.900 4	2.370 4	0.885 3
b	0.473 6	0.321 5	0.476 6
R^2	0.998 0	0.997 0	0.997 9

表 6-7　不同交替次序下灌溉方式对土壤湿润锋模型参数影响（C_{DXDX}）

参数及精度	间歇灌溉（G_J）				连续灌溉（G_L）
	阶段 I	阶段 II	阶段 III	阶段 IV	
a	1.042 3	2.662 3	2.770 8	3.416 9	0.837 6
b	0.462 4	0.239 3	0.255 2	0.232 6	0.535 1
R^2	0.995 8	0.964 7	0.971 5	0.942 0	0.992 7

表 6-8　不同交替次序下灌溉方式对土壤湿润锋模型参数影响（C_{XD}）

参数及精度	间歇灌溉（G_J）		连续灌溉（G_L）
	阶段 I	阶段 II	
a	1.051 4	2.260 7	1.066 0
b	0.448 9	0.330 2	0.443 9
R^2	0.987 3	0.977 7	0.989 9

表 6-9　不同交替次序下灌溉方式对土壤湿润锋模型参数影响（C_{XDXD}）

参数及精度	间歇灌溉（G_J）				连续灌溉（G_L）
	阶段 I	阶段 II	阶段 III	阶段 IV	
a	0.785 6	2.468 4	3.541 4	2.473 2	0.771 9
b	0.557 8	0.203 3	0.143 5	0.269 5	0.532 6
R^2	0.995 9	0.889 1	0.981 1	0.948 0	0.992 8

6.1.1.3　灌溉方式-交替次序耦合效应对土壤湿润锋影响

由以上分析结果可知,在不同灌溉方式-交替次序组合条件下土壤湿润锋对某一因素的响应结果各不相同,说明各因素之间对土壤湿润锋影响可能存在一定程度交互效应。表 6-10 为灌溉方式-交替次序耦合效应对土壤湿润锋双因素方差分析结果。由表 6-10 可知,交替次序、灌溉方式及其耦合效应对土壤湿润锋均值和极大值均存在极显著影响（$p<0.01$）。根据 III 类平方和计算结果可知,交替次序对湿润锋均值影响分别是灌溉方式和耦合效应所产生影响的 2.83 倍和 5.88 倍,交替次序对湿润锋极大值影响分别是灌溉方式和交互效应所产生影响的 6.95 倍和 1.49 倍,说明灌溉方式、交替次序及其耦合效应对湿润锋均值影响表现为:$C>G>C*G$,对湿润锋极大值影响表现为:$C>C*G>G$,且交替次序是最关键因素。

表 6-10　灌溉方式-交替次序耦合效应对土壤湿润锋双因素方差分析结果

来源	Z_f 均值				Z_f 极大值			
	III 类平方和	均方	F 值	显著性	III 类平方和	均方	F 值	显著性
C	16.121	5.374	43.330	<0.001**	3.435	1.145	23.001	<0.001**
G	5.704	5.704	45.991	<0.001**	0.494	0.494	9.928	0.006**
$C*G$	2.741	0.914	7.368	0.003**	2.303	0.768	15.420	<0.001**

注:F 值是统计学中 F 检验的统计量。

6.1.2　灌溉方式-交替次序耦合效应对土壤累积入渗量影响

6.1.2.1　交替次序对土壤累积入渗量影响

1. 连续灌溉条件下

图 6-4 连续灌溉条件下交替次序条件下土壤累积入渗量动态特征。由图 6-4 可知，不同交替次序处理下土壤累积入渗量随时间呈对数型增加趋势。在相同灌水量条件下，不同交替次序处理后土壤累积入渗量达到峰值时间有一定程度差异。经计算，经 C_{XDXD}、C_{DXDX}、C_{DX} 和 C_{XD} 处理后土壤累积入渗量达到峰值时刻分别为 77 min、110 min、160 min 和 120min，后三者分别是 C_{XDXD} 处理后的 1.43 倍、2.08 倍和 1.56 倍，说明不同交替次序对土壤水分入渗历时长短表现为：$C_{DX}>C_{XD}>C_{DXDX}>C_{XDXD}$，且经过一次交替处理相较两次交替处理水分入渗耗时更多，淡咸交替处理比咸淡交替处理后水分入渗耗时更多。经 C_{XDXD}、C_{DXDX}、C_{DX} 和 C_{XD} 处理后累积入渗量均值分别为 374.97 mL、303.82 mL、300.72 mL 和 365.742 mL，后三者分别是 C_{XDXD} 处理的 0.81 倍、0.80 倍和 0.98 倍，说明不同交替次序对土壤累积入渗量均值影响表现为：$C_{XDXD}>C_{XD}>C_{DXDX}>C_{DX}$，且经过两次交替处理相较一次交替处理水分累积入渗量均值更大，淡咸交替处理比咸淡交替处理后累积入渗量均值更大。经计算，经 C_{XDXD}、C_{DXDX}、C_{DX} 和 C_{XD} 处理后累积入渗量均值变异系数为 0.458、0.472、0.618 和 0.484，不同交替次序对土壤累积入渗量时间变异性影响表现为：$C_{DX}>C_{XD}>C_{DXDX}>C_{XDXD}$，以 C_{DX} 处理的作用效果最为明显。

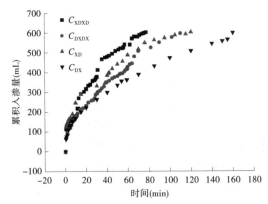

图 6-4　连续灌溉不同交替次序条件下土壤累积入渗量动态特征

为了进一步量化连续灌溉不同交替次序条件下土壤累积入渗量动态变化特征，采用 Kostiakov 模型［式（3-2）］对其进行了定量描述，具体模型参数及精度如表 6-11 所示。由表 6-11 可知，不同交替次序处理下土壤累积入渗量 Kostiakov 模型决定系数 R^2 介于 0.979～0.997，R^2 平均值为 0.987 8，说明采用 Kostiakov 模型对连续灌溉不同交替次序处理下土壤累积入渗量进行定量描述是合理可行的。在 Kostiakov 模型中，参数 k 和 α 分别反映了土壤湿润锋入渗系数和入渗指数。由表 6-11 可知，相对 C_{DXDX} 处理，经 C_{DX}、C_{XDXD} 和 C_{XD} 处理后入渗系数分别增加 20.19%、41.00% 和 102.17%，不同处理间的土壤入渗系数大小表现为：$C_{XD}>C_{XDXD}>C_{DX}>C_{DXDX}$，且咸淡交替处理比淡咸交替处理后入渗系数更大。相对 C_{XD} 处理，经 C_{DX}、C_{DXDX} 和 C_{XDXD} 处理后入渗指数分别增加 18.77%、40.21% 和

33.51%,不同处理间的土壤入渗指数大小表现为:$C_{DXDX}>C_{XDXD}>C_{DX}>C_{XD}$,且经过两次交替处理相较一次交替处理土壤入渗指数更大,淡咸交替处理比咸淡交替处理后土壤入渗指数更大。

表 6-11　连续灌溉不同交替次序条件下累积入渗量模型参数及精度

参数及精度	交替次序			
	C_{XD}	C_{DX}	C_{DXDX}	C_{XDXD}
k_1	102.555	60.968	50.726	71.525
α_1	0.373	0.443	0.523	0.498
R^2	0.984	0.997	0.991	0.979

2. 间歇灌溉条件下

图 6-5 为间歇灌溉条件下交替次序对土壤累积入渗量影响。由图 6-5 可知,间歇灌溉不同交替次序处理下土壤累积入渗量随时间呈"对数—阶梯状"组合型增加趋势。由图 6-5 可知,在相同灌水量条件下,不同交替次序处理后土壤累积入渗量达到峰值时间有一定程度差异。经计算,经 C_{XDXD}、C_{DXDX}、C_{DX} 和 C_{XD} 处理后累积入渗量达到峰值时刻分别为 72 min、130 min、107 min 和 75 min,后三者分别是 C_{XDXD} 处理的 1.81 倍、1.49 倍和 1.04 倍,说明不同交替次序对土壤水分入渗历时长短表现为:$C_{DXDX}>C_{DX}>C_{XD}>C_{XDXD}$,且经淡咸交替处理比咸淡交替处理后水分入渗耗时更多。经 C_{XDXD}、C_{DXDX}、C_{XD} 和 C_{DX} 处理后累积入渗量均值分别为 345.94 mL、332.98 mL、289.50 mL 和 349.89 mL,后三者分别是 C_{XDXD} 处理的 0.96 倍、0.84 倍和 1.01 倍,说明不同交替次序对间歇灌溉土壤累积入渗量均值影响表现为:$C_{DX}>C_{XDXD}>C_{DXDX}>C_{XD}$。经计算,经 C_{XDXD}、C_{DXDX}、C_{XD} 和 C_{DX} 处理后累积入渗量均值变异系数为 0.605、0.537、0.648 和 0.532,不同交替次序对间歇灌溉土壤累积入渗量时间变异性影响表现为:$C_{XD}>C_{XDXD}>C_{DXDX}>C_{DX}$,以 C_{XD} 处理的作用效果最为明显。

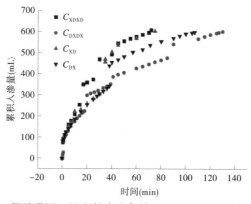

图 6-5　间歇灌溉不同交替次序条件下土壤累积入渗量动态特征

采用分段 Kostiakov 模型[式(4-2)]对间歇灌溉不同交替次序下土壤累积入渗量动态进行了量化描述,模型参数及精度如表 6-12 所示。由表 6-12 可知,间歇灌溉不同交替次序处理下分段 Kostiakov 模型决定系数 R^2 介于 0.915 3~0.999 8,R^2 平均值为 0.981 6,说明采用分段 Kostiakov 模型对间歇灌溉不同交替次序处理下土壤累积入渗量进行定量描述是合理可行的。在 Kostiakov 模型中,参数 k 和 α 分别反映了土壤入渗系数和入渗指数。相对 C_{DXDX} 处理,经 C_{XD}、C_{DX} 和 C_{XDXD} 处理后阶段 I 土壤入渗系数分别增加 27.19%、43.57% 和 43.0%,入渗指数分别减小 4.73%、20.03% 和 13.4%。由此说明,不同交替次序能够明显改变土壤入渗系数和入渗指数。由表 6-12 可知,经 C_{XD}、C_{DX} 和 C_{DXDX} 处理后土壤入渗系数随入渗阶段增加均呈逐步增加趋势,而经 C_{XDXD} 处理后这一结果为先增后减单峰形变化趋势。经 C_{XD} 和 C_{DX} 处理后土壤入渗指数随入渗阶段增加均呈逐步递减趋势,在阶段 II 出现极小值;而经 C_{DXDX} 和 C_{XDXD} 处理后这一结果为先减后增单峰形变化趋势,在阶段 II 出现极小值。

表 6-12　间歇灌溉不同交替次序条件下土壤累积入渗量 Kostiakov 模型参数及精度

阶段数	参数及精度	交替次序			
		C_{XD}	C_{DX}	C_{DXDX}	C_{XDXD}
阶段 I	k_1	71.915 7	81.179 0	56.543 9	80.858 4
	α_1	0.461 4	0.387 3	0.484 3	0.419 4
	R^2	0.915 3	0.992 0	0.972 6	0.989 2
阶段 II	k_2	167.790 7	154.857 1	143.405 5	214.663 3
	α_2	0.298 2	0.290 3	0.241 5	0.172 1
	R^2	0.964 9	0.997 5	0.984 8	0.999 8
阶段 III	k_3			131.875 5	260.672 0
	α_3			0.287 8	0.173 0
	R^2			0.996 5	0.999 8
阶段 IV	k_4			143.784 5	236.245 7
	α_4			0.293 8	0.219 0
	R^2			0.985 0	0.981 3

6.1.2.2　灌溉方式对土壤累积入渗量的影响

图 6-6 为不同交替次序下灌溉方式对土壤累积入渗量的影响。由图 6-6 可知,在 C_{DX} 处理 0~38 min、C_{XD} 处理 0~34.5 min、C_{DXDX} 处理 0~18 min 和 C_{XDXD} 处理 0~14 min,经间歇灌溉 G_J 和连续灌溉 G_L 处理后土壤累积入渗量均随时间呈对数型增加趋势,且两种处理后土壤累积入渗量数值差异相对较小;在 38 min、34.5 min、18 min 和 14 min 特征时刻,经间歇灌溉处理后土壤累积入渗量会分别出现 97.84 mL、151.55 mL、73.12 mL 和 95.81 mL 突增。在此特征时刻之后,经间歇灌溉处理后累积入渗量随时间增加呈阶梯状增加趋势,而经连续灌溉处理后累积入渗量随时间增加继续呈对数型增加趋势。在单次交替 C_{DX} 和 C_{XD} 条件下经 G_J 处理后累积入渗量达到峰值时刻分别为 G_L 处理的 0.669 倍和 0.625 倍,在两次交替 C_{DXDX} 和 C_{XDXD} 条件下这一结果为 1.18 倍和 0.94 倍,由此说明在单

次交替下 G_J 处理相对 G_L 处理能够缩短累积入渗量的峰值出现时刻,单次交替次序相对两次交替次序条件下灌溉方式对累积入渗量峰值出现时刻的作用更显著。经计算,在 C_{XDXD}、C_{DXDX}、C_{DX} 和 C_{XD} 条件下,经 G_J 处理后累积入渗量均值分别为 345.94 mL、332.98 mL、349.89 mL 和 289.50 mL,经 G_L 处理后累积入渗量均值分别为 374.97 mL、303.82 mL、300.72 mL 和 365.74 mL,G_J 处理后累积入渗量均值是 G_L 处理后的 0.92 倍、1.10 倍、1.16 倍和 0.79 倍,说明在 C_{XDXD} 和 C_{XD} 条件下不同灌溉方式对土壤累积入渗量均值影响表现为:$G_J < G_L$,但在 C_{DXDX} 和 C_{DX} 条件下这一结果呈相反趋势。经计算,在 C_{XDXD}、C_{DXDX}、C_{DX} 和 C_{XD} 条件下,经 G_J 处理后累积入渗量变异系数分别为 0.605、0.537、0.532 和 0.648,经 G_L 处理后累积入渗量变异系数分别为 0.458、0.472、0.618 和 0.484,由此看出在 C_{DX} 交替次序下不同灌溉方式对土壤累积入渗量时间变异性影响表现为:$G_L > G_J$,在其他交替次序下这一结果表现为:$G_J > G_L$。

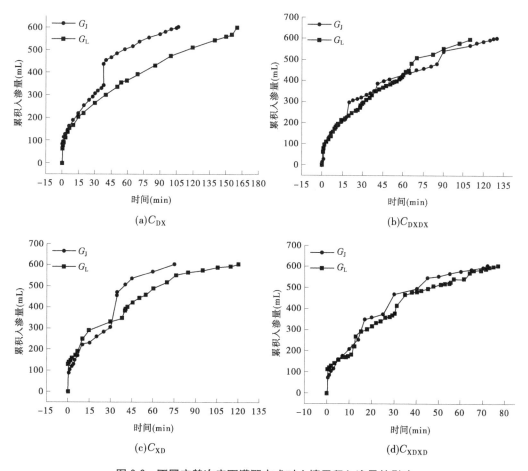

图 6-6　不同交替次序下灌溉方式对土壤累积入渗量的影响

采用分段 Kostiakov 模型[式(4-2)]对不同灌溉方式下土壤累积入渗量动态进行了量化描述,模型参数及精度如表 6-13~表 6-16 所示。由表 6-13~表 6-16 可知,在 C_{XD} 交替次序下,经间歇灌溉 G_J 处理后阶段 I 入渗系数是连续灌溉 G_L 处理结果的 0.701 倍,此时间歇灌溉相对连续灌溉对入渗系数具有抑制作用。在其余交替次序和累积阶段下,经间歇灌溉 G_J 处理后入渗系数是连续灌溉 G_L 处理结果的 1.115～3.644 倍,平均值为 2.360 倍,此时间歇灌溉相对连续灌溉对入渗系数具有促进作用。在 C_{XD} 交替次序下,经间歇灌溉 G_J 处理后阶段 I 入渗指数是连续灌溉 G_L 处理结果的 1.237 倍,此时间歇灌溉相对连续灌溉对入渗指数具有促进作用。在其余交替次序和累积阶段下,经间歇灌溉 G_J 处理后入渗指数是连续灌溉 G_L 处理结果的 0.346～0.926 倍,平均数值为 0.619 倍,此时间歇灌溉相对连续灌溉对入渗指数具有抑制作用。

表 6-13　不同交替次序下灌溉方式对 Kostiakov 模型参数影响(C_{DX})

参数及精度	间歇灌溉(G_J)		连续灌溉(G_L)
	阶段 I	阶段 II	
k	81.179 0	154.857 1	60.968
α	0.387 3	0.290 3	0.443
R^2	0.992 0	0.997 5	0.997

表 6-14　不同交替次序下灌溉方式对 Kostiakov 模型参数影响(C_{DXDX})

参数及精度	间歇灌溉(G_J)				连续灌溉(G_L)
	阶段 I	阶段 II	阶段 III	阶段 IV	
k	56.543 9	143.405 5	131.875 5	143.784 5	50.726
α	0.484 3	0.241 5	0.287 8	0.293 8	0.523
R^2	0.972 6	0.984 8	0.996 5	0.985 0	0.991

表 6-15　不同交替次序下灌溉方式对 Kostiakov 模型参数影响(C_{XD})

参数及精度	间歇灌溉(G_J)		连续灌溉(G_L)
	阶段 I	阶段 II	
k	71.915 7	167.790 7	102.555
α	0.461 4	0.298 2	0.373
R^2	0.915 3	0.964 9	0.984

表 6-16　不同交替次序下灌溉方式对 Kostiakov 模型参数影响(C_{XDXD})

参数及精度	间歇灌溉(G_J)				连续灌溉(G_L)
	阶段 I	阶段 II	阶段 III	阶段 IV	
k	80.858 4	214.663 3	260.672 0	236.245 7	71.525
α	0.419 4	0.172 1	0.173 0	0.219 0	0.498
R^2	0.989 2	0.999 8	0.999 8	0.981 3	0.979

6.1.2.3　灌溉方式-交替次序耦合效应对土壤累积入渗量影响

由以上分析结果可知,在不同灌溉方式-交替次序组合条件下土壤累积入渗量对某一因素的响应结果各不相同,说明各因素之间对土壤累积入渗量影响可能存在一定程度交互效应。表 6-17 为灌溉方式–交替次序耦合效应对土壤累积入渗量双因素方差分析结果。由表 6-17 可知,除灌溉方式对土壤累积入渗量均值影响不显著外,其余单因素及双因素耦合效应对土壤累积入渗量均值和累积入渗量峰值出现时刻的影响均存在极显著影响($p < 0.01$)。根据Ⅲ类平方和计算结果可知,交替次序对累积入渗量均值影响分别是灌溉方式和交互效应所产生影响的 23.26 倍和 0.43 倍,交替次序对累积入渗量峰值出现时刻的影响分别是灌溉方式和交互效应所产生影响的 4.68 倍和 2.28 倍,说明灌溉方式、交替次序及其耦合效应对土壤累积入渗量均值影响表现为:$C * G > C > G$,对土壤累积入渗量峰值出现时刻的影响表现为 $C > C * G > G$,且交替次序是最关键因素。

表 6-17 灌溉方式–交替次序耦合效应对土壤累积入渗量双因素方差分析结果

来源	均值				峰值时刻			
	Ⅲ类平方和	均方	F 值	显著性	Ⅲ类平方和	均方	F 值	显著性
C	6 330.430	2 110.143	19.096	<0.001**	12 097.125	4 032.375	246.151	<0.001**
G	272.202	272.202	2.463	0.136	2 583.375	2 583.375	157.699	<0.001**
$C * G$	14 613.165	4 871.055	44.080	<0.001**	5 305.125	1 768.375	107.948	<0.001**

注:F 值是统计学中 F 检验的统计量。

6.1.3 灌溉方式–交替次序耦合条件下湿润锋和累积入渗量关系

图 6-7 为灌溉方式–交替次序耦合条件下土壤湿润锋与累积入渗量关系。由图 6-7 可知,灌溉方式–交替次序耦合条件下土壤湿润锋与累积入渗量构成的数据样本呈线性分布特征,且数据样本线性分布斜率与灌溉方式和交替次序存在一定关联性。为了进一步探明灌溉方式–交替次序耦合条件下土壤湿润锋与累积入渗量之间的相互关系,采用线性模型[式(4-3)]对其进行定量描述。经 G_J 和 G_L 处理后土壤湿润锋与累积入渗量所构成的线性模型的决定系数分别为 0.994 4~0.997 8 和 0.994 7~0.998 7,具有较高的拟合精度,说明采用线性模型进行土壤湿润锋与累积入渗量关系定量描述是合理可行的。在 C_{DX}、C_{DXDX}、C_{XD} 和 C_{XDXD} 条件下,经 G_J 处理后模型斜率 A 分别是 G_L 处理的 0.996 倍、0.947 倍、0.908 倍和 0.954 倍,说明当湿润锋推移相同距离条件下,相比较间歇灌溉,连续灌溉方式的累积入渗量更大。在 G_J 条件下经 C_{DX}、C_{DXDX}、C_{XD} 和 C_{XDXD} 处理后模型斜率为 58.742、54.657、65.611 和 77.085,而在 G_L 条件下这一结果为 58.969、57.694、72.239 和 80.831,经淡咸处理后模型斜率 A 比咸淡处理低 10.47%~29.10%(平均值为 21.64%),说明当湿润锋推移相同距离条件下,咸淡交替次序能够加快水分入渗。表 6-18 为灌溉方式–交替次序耦合条件下方程斜率 A 双因素方差分析结果。由表 6-18 可知,灌溉方式和交替次序对方程斜率影响达到极显著水平($p < 0.01$),而双因素耦合效应对其影响不显著。根据Ⅲ类平方和计算结果可知,交替次序对方程斜率 A 影响分别是灌溉方式和交互效应所产生影响的 27.85 倍和 62.44 倍,说明灌溉方式、交替次序及其耦合效应对方程斜率 A 影响表现为:$C > G > C * G$,且交替次序是最关键因素。

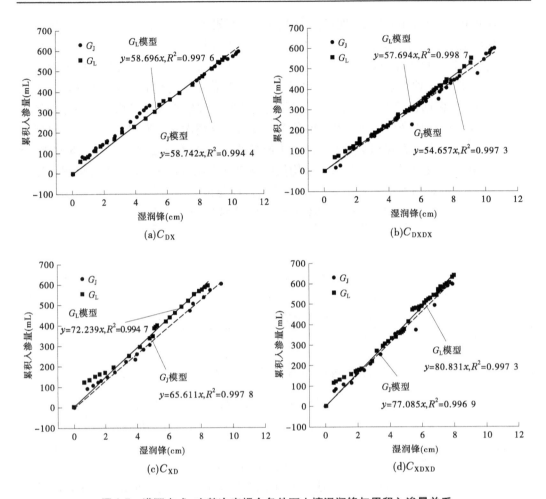

图 6-7　灌溉方式-交替次序耦合条件下土壤湿润锋与累积入渗量关系

表 6-18　灌溉方式-交替次序耦合条件下 $I_{GC}(Z_f)$ 模型斜率双因素方差分析结果

来源	均值				
	Ⅲ类平方和	自由度	均方	F 值	显著性
C	1 942.411	3	647.470	109.445	<0.001 **
G	69.748	1	69.748	11.790	0.003 **
$C*G$	31.109	3	10.370	1.753	0.197

注:F 值是统计学中 F 检验的统计量。

6.1.4　灌溉方式-交替次序耦合效应对土壤含水率分布影响

6.1.4.1　交替次序对土壤含水率影响

1.连续灌溉条件下

图 6-8 为连续灌溉条件下不同交替次序对土壤含水率一维垂向分布特征影响。由图 6-8 可知,连续灌溉不同交替次序处理后土壤含水率随土壤深度增加呈逐步递减的变化

趋势,并在湿润锋附近发生突变形骤减,数值上接近土壤初始含水率。为了进一步明确交替次序对连续灌溉土壤含水率的影响,对数据样本进行了统计学描述分析,结果如表6-19所示。结合表6-19可知,经不同交替次序处理后土壤含水率极大值影响表现为:$C_{DXDX} > C_{DX} > C_{XD} > C_{XDXD}$,处理间差异为 $0.61\% \sim 5.99\%$(均值 3.12%),经淡咸交替次序处理后土壤含水率极大值要略微高于咸淡交替次序处理的结果。经不同交替次序处理后土壤含水率均值影响表现为:$C_{XD} = C_{XDXD} > C_{DXDX} = C_{DX}$,经咸淡交替次序处理后含水率均值比淡咸交替次序处理结果高 1.86%,差异并不是非常明显。经不同交替次序处理后土壤含水率变异系数影响表现为:$C_{XD} > C_{XDXD} > C_{DXDX} > C_{DX}$,处理间差异为 $1.21\% \sim 7.00\%$(均值 4.06%),经咸淡交替次序处理后土壤含水率空间变异性要略微高于淡咸交替次序处理的结果。

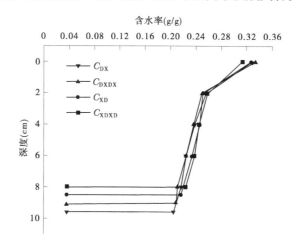

图 6-8　连续灌溉不同交替次序条件下土壤含水率一维垂向分布特征

表 6-19　连续灌溉不同交替次序条件下土壤含水率统计学特征值

处理	统计学指标				
	极小值	极大值	均值	标准差	变异系数
C_{DX}	0.036	0.329	0.215	0.089	0.414
C_{DXDX}	0.036	0.334	0.215	0.090	0.419
C_{XD}	0.036	0.327	0.219	0.097	0.443
C_{XDXD}	0.036	0.314	0.219	0.095	0.434

2. 间歇灌溉条件下

图 6-9 为间歇灌溉条件下不同交替次序条件下土壤含水率一维垂向分布特征影响。由图 6-9 可知,间歇灌溉不同交替次序处理后土壤含水率随土壤深度增加呈逐步递减的变化趋势,并在湿润锋附近发生突变形骤减,数值上接近土壤初始含水率。为了进一步明确交替次序对间歇灌溉土壤含水率影响,对数据样本进行了统计学描述分析,结果如表 6-20 所示。结合表 6-20 可知,经不同交替次序处理后土壤含水率极大值影响表现为:$C_{DX} > C_{DXDX} > C_{XDXD} > C_{XD}$,处理间差异为 $0.66\% \sim 3.82\%$(均值 2.29%),经淡咸交替次序处理后

土壤含水率极大值要略微高于咸淡交替次序处理的结果。经不同交替次序处理后土壤含水率均值影响表现为：$C_{XDXD} > C_{DXDX} > C_{XD} > C_{DX}$，经咸淡交替次序处理后含水率均值比淡咸交替次序处理结果高，但差异并不是非常明显。经间歇灌溉不同交替次序处理后土壤含水率变异系数影响表现为：$C_{XDXD} > C_{DX} > C_{DXDX} > C_{XD}$，处理间差异为 0.98%~8.35%（均值 4.27%），不同交替次序对土壤含水率空间变异系数存在一定程度影响。

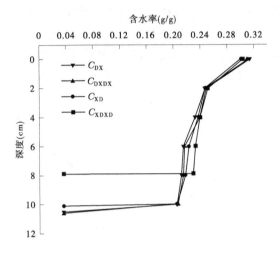

图 6-9　间歇灌溉不同交替次序条件下土壤含水率一维垂向分布特征

表 6-20　间歇灌溉不同交替次序条件下土壤含水率统计学特征值

处理	统计学指标				
	极小值	极大值	均值	标准差	变异系数
C_{DX}	0.036	0.314	0.209	0.085	0.407
C_{DXDX}	0.036	0.311	0.211	0.085	0.403
C_{XD}	0.036	0.302	0.210	0.083	0.395
C_{XDXD}	0.036	0.304	0.215	0.092	0.428

6.1.4.2　灌溉方式对土壤含水率影响

图 6-10 为不同交替次序下灌溉方式对土壤含水率一维垂向分布特征影响。由图 6-10 可知，不同灌溉方式处理后土壤含水率随土壤深度增加呈逐步递减的变化趋势，并在湿润锋附近发生突变形骤减，数值上接近土壤初始含水率。为了进一步明确不同灌溉方式对土壤含水率的影响，对数据样本进行了统计学描述分析，结果如表 6-21 所示。由表 6-21 可知，经 G_L 处理后土壤含水率极大值和均值分别是 G_J 处理的 1.03~1.08 倍和 1.02~1.04 倍，平均数值为 1.06 倍和 1.03 倍，由此说明相比间歇灌溉方式，经连续灌溉处理会对土壤含水率极大值和均值均有促进作用。经 G_L 处理后土壤含水率变异系数是 G_J 处理的 1.01~1.12 倍，平均数值为 1.04 倍，由此说明相比间歇灌溉方式，经连续灌溉处理会对土壤含水率变异系数具有促进作用，即间歇灌溉方式会导致土壤含水率空间变异性增加。

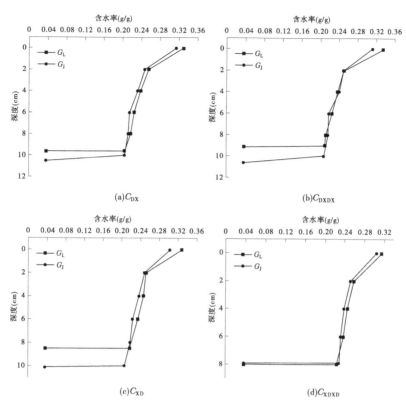

图 6-10　不同交替次序下灌溉方式对土壤含水率一维垂向分布特征影响

表 6-21　不同交替次序下灌溉方式对土壤含水率统计特征值影响

处理	灌溉方式	统计学指标				
		极小值	极大值	均值	标准差	变异系数
C_{DX}	G_J	0.036	0.314	0.209	0.085	0.407
	G_L	0.036	0.329	0.215	0.089	0.414
C_{DXDX}	G_J	0.036	0.311	0.211	0.085	0.403
	G_L	0.036	0.334	0.215	0.090	0.419
C_{XD}	G_J	0.036	0.302	0.210	0.083	0.395
	G_L	0.036	0.327	0.219	0.097	0.443
C_{XDXD}	G_J	0.036	0.304	0.215	0.092	0.428
	G_L	0.036	0.314	0.219	0.095	0.434

6.1.4.3　灌溉方式-交替次序耦合效应对土壤含水率影响

由以上分析结果可知,在不同灌溉方式-交替次序组合条件下土壤含水率对某一因素的响应结果各不相同,说明各因素之间对土壤含水率影响可能存在一定程度交互效应。表6-22为灌溉方式-交替次序耦合效应对土壤含水率双因素方差分析结果。由表6-22可知,除灌溉方式对土壤含水率极大值存在极显著影响($p<0.01$),以及对土壤含水率变异系数存在显著影响($p<0.05$)外,其余单因素及双因素耦合效应对土壤含水率极大值、均值和变异系数无显著影响。根据Ⅲ类平方和计算结果可知,灌溉方式对土壤含水率极大值影响分别是交替次序和交互效应的2.76倍和9.09倍,灌溉方式对土壤含水率均值影响分别是交替次序和交互效应的2.33倍和7.89倍,灌溉方式对土壤含水率变异系数影响分别是交替次序和交互效应的1.35倍和1.28倍,说明灌溉方式、交替次序及其耦合效应对土壤含水率极大值和均值影响表现为:$G>C>C*G$,对土壤含水率变异系数的影响表现为$G>C*G>C$,且交替次序是最关键因素。

表6-22　灌溉方式-交替次序耦合效应对土壤含水率双因素方差分析结果

来源	极大值				均值				变异系数			
	Ⅲ类平方和	均方	F值	显著性	Ⅲ类平方和	均方	F值	显著性	Ⅲ类平方和	均方	F值	显著性
C	7.24×10^{-4}	2.41×10^{-4}	1.91	0.169	8.51×10^{-5}	2.84×10^{-5}	0.379	0.77	1.65×10^{-3}	5.50×10^{-4}	2.01	0.154
G	2.00×10^{-3}	2.00×10^{-3}	15.82	0.001^{**}	1.98×10^{-4}	1.98×10^{-4}	2.651	0.12	2.22×10^{-3}	2.22×10^{-3}	8.11	0.012^{*}
$C*G$	2.20×10^{-4}	7.34×10^{-5}	0.58	0.636	2.51×10^{-5}	8.38×10^{-6}	0.11	0.952	1.74×10^{-3}	5.81×10^{-4}	2.12	0.138

注:F值是统计学中F检验的统计量。

6.2　灌溉方式-交替次序耦合条件下土壤盐分分布特征

6.2.1　交替次序对土壤盐分影响

6.2.1.1　连续灌溉条件下

图6-11为连续灌溉不同交替次序条件下对土壤电导率一维垂向分布特征。由图6-11可知,经C_{DX}和C_{DXDX}交替次序处理后土壤电导率整体上随土壤深度增加呈先减后增的变化趋势,而经C_{XD}和C_{XDXD}交替次序处理后土壤电导率整体上随土壤深度增加呈先增后减的变化趋势。为了进一步明确交替次序对连续灌溉土壤电导率的影响,对数据样本进行了统计学描述分析,结果如表6-23所示。结合表6-23可知,经不同交替次序处理后土壤电导率极小值影响表现为:$C_{XD}>C_{DX}>C_{DXDX}>C_{XDXD}$,处理间差异为1.75%～17.47%(均值9.28%),不同交替次序对土壤电导率极小值影响较大。经不同交替次序处理后土壤电导率极大值影响表现为:$C_{XD}>C_{XDXD}>C_{DX}>C_{DXDX}$,处理间差异为0.75%～11.60%(均值5.73%),说明经咸淡处理后土壤电导率极大值相较淡咸处理后的结果更高,且一次交替次序处理后土壤电导率极大值相较两次交替次序处理后的结果更高。经不同交替次序处理后土壤电导率均值影响表现为:$C_{XD}>C_{XDXD}>C_{DX}>C_{DXDX}$,处理间差异为0.56%～

16.50%(均值 8.20%),说明经咸淡处理后土壤电导率均值相较淡咸处理后的结果更高,且一次交替次序处理后土壤电导率均值相较两次交替次序处理后的结果更高。经不同交替次序处理后土壤电导率变异系数影响表现为:$C_{XD} > C_{XDXD} > C_{DXDX} > C_{DX}$,处理间差异为2.64%~12.99%(均值 6.76%),不同交替次序对土壤电导率空间变异性存在一定程度影响。

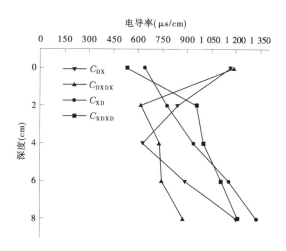

图 6-11　连续灌溉不同交替次序条件下土壤电导率一维垂向分布特征

表 6-23　连续灌溉不同交替次序条件下土壤电导率统计学特征值

处理	统计学指标				
	极小值	极大值	均值	标准差	变异系数
C_{DX}	630	1 206	946.4	240.101	0.254
C_{DXDX}	616	1 190	831.6	220.348	0.265
C_{XD}	641	1 328	968.8	278.339	0.287
C_{XDXD}	529	1 215	963.4	262.447	0.272

6.2.1.2　间歇灌溉条件下

图 6-12 为间歇灌溉不同交替次序条件下土壤电导率一维垂向分布特征。由图 6-12 可知,经 C_{DX} 和 C_{DXDX} 交替次序处理后土壤电导率整体上随土壤深度增加呈先减后增的变化趋势,而经 C_{XD} 和 C_{XDXD} 交替次序处理后土壤电导率整体上随土壤深度增加呈单调递增趋势。为了进一步明确交替次序对间歇灌溉土壤电导率的影响,对数据样本进行了统计学描述分析,结果如表 6-24 所示。结合表 6-24 可知,经不同交替次序处理后土壤电导率极小值影响表现为:$C_{DXDX} > C_{XD} > C_{XDXD} > C_{DX}$,处理间差异为 0.38%~44.37%(均值19.70%),不同交替次序对土壤电导率极小值影响较大。经不同交替次序处理后土壤电导率极大值影响表现为:$C_{XD} > C_{XDXD} > C_{DX} > C_{DXDX}$,处理间差异为 0.18%~21.90%(均值10.32%),说明经咸淡处理后土壤电导率极大值相较淡咸处理后的结果更高,且一次交替次序处理后土壤电导率极大值相较两次交替次序处理后的结果更高。经不同交替次序处

理后土壤电导率均值影响表现为：$C_{XD}>C_{XDXD}>C_{DXDX}>C_{DX}$，处理间差异为 0.56% ~ 16.50%（均值 8.20%），说明经咸淡处理后土壤电导率均值相较淡咸处理后的结果更高。经不同交替次序处理后土壤电导率变异系数影响表现为：$C_{DX}>C_{XDXD}>C_{XD}>C_{DXDX}$，处理间差异为 2.65% ~ 56.65%（均值 37.52%），不同交替次序对土壤电导率空间变异性存在较大程度影响。

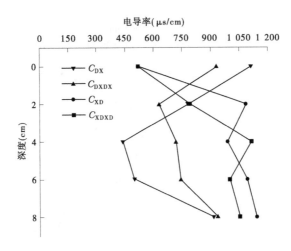

图 6-12　间歇灌溉不同交替次序条件下土壤电导率一维垂向分布特征

表 6-24　间歇灌溉不同交替次序条件下土壤电导率统计学特征值

处理	统计学指标				
	极小值	极大值	均值	标准差	变异系数
C_{DX}	435	1 114	749.2	284.18	0.379
C_{DXDX}	628	936	791.4	136.597	0.173
C_{XD}	521	1 141	965.6	254.764	0.264
C_{XDXD}	519	1 116	895.8	242.731	0.271

6.2.2　灌溉方式对土壤盐分影响

图 6-13 为不同交替次序下灌溉方式对土壤电导率一维垂向分布特征影响。由图 6-13 可知，在 C_{DX} 和 C_{DXDX} 交替次序下不同灌溉方式处理后土壤电导率一维垂向分布特征相同，均随土壤深度增加呈先减后增趋势。而在 C_{XD} 和 C_{XDXD} 交替次序下不同灌溉方式对土壤电导率一维垂向分布特征存在影响，经连续灌溉 G_L 处理后土壤电导率对土壤深度增加呈单调递增趋势，而经间歇灌溉 G_J 处理后这一趋势结果为先增后减。为了进一步明确不同灌溉方式对土壤电导率的影响，对数据样本进行了统计学描述分析，结果如表 6-25 所示。由表 6-25 可知，在 C_{DXDX} 交替次序下连续灌溉相较间歇灌溉对土壤电导率极小值具有抑制作用，而在其余交替次序下经 G_J 处理后土壤电导率极小值是 G_L 处理的 0.69 ~ 0.98 倍（平均 0.83 倍），说明连续灌溉相比交替灌溉对土壤电导率具有促进作用。

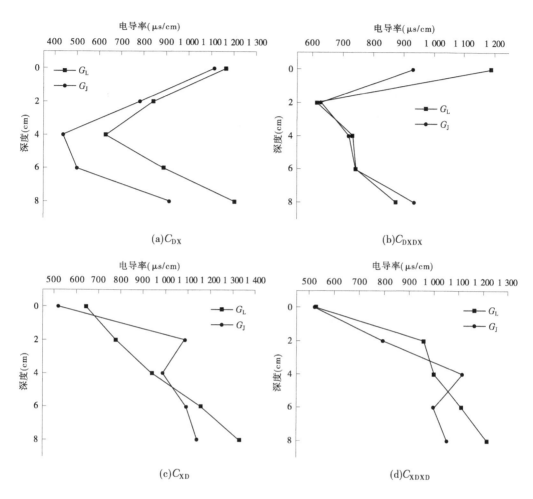

图 6-13　不同交替次序下灌溉方式对土壤电导率一维垂向分布特征影响

经 G_J 处理后土壤电导率极大值和均值分别是 G_L 处理的 0.787~0.924 倍和 0.792~0.997 倍,平均数值为 0.872 倍和 0.917 倍,由此说明相比连续灌溉方式,间歇灌溉处理会对土壤含水率极大值和均值均有抑制作用。在 C_{DX} 交替次序下连续灌溉相较间歇灌溉对土壤电导率变异系数具有抑制作用,而在其余交替次序下经 G_J 处理后土壤电导率变异系数是 G_L 处理的 0.653~0.996 倍(平均 0.856 倍),说明连续灌溉相比交替灌溉对土壤电导率空间变异性具有促进作用。

6.2.3　灌溉方式-交替次序耦合效应对土壤盐分影响

由以上分析结果可知,在不同灌溉方式-交替次序组合条件下土壤电导率对某一因素的响应结果各不相同,说明各因素之间对土壤电导率影响可能存在一定程度交互效应。表 6-26 为灌溉方式-交替次序耦合效应对土壤电导率双因素方差分析结果。由表 6-26 可知,除灌溉方式对土壤电导率极小值、极大值和均值存在极显著影响($p<0.01$),以及交替次序对土壤电导率极大值和均值存在极显著影响($p<0.01$)外,其余单因素及双因素耦

合效应对土壤电导率极小值、极大值和均值无显著影响。灌溉方式、交替次序及其耦合效应对土壤电导率空间变异系数无显著影响。根据Ⅲ类平方和计算结果可知,灌溉方式对土壤电导率极小值影响分别是交替次序和交互效应的9.996倍和34.877倍,灌溉方式对土壤电导率极大值影响分别是交替次序和交互效应的3.187倍和110.951倍,灌溉方式对土壤电导率均值影响分别是交替次序和交互效应的0.421倍和3.422倍,灌溉方式对土壤电导率变异系数影响分别是交替次序和交互效应的0.154倍和0.025倍,说明灌溉方式、交替次序及其耦合效应对土壤电导率极小值和极大值影响均表现为:$G>C>C*G$,对土壤电导率均值影响均表现为:$C>G>C*G$,对土壤电导率空间变异性影响表现为:$C*G>C>G$。

表 6-25　不同交替次序下灌溉方式对土壤电导率统计特征值影响

交替模式	灌溉方式	统计学指标				
		极小值	极大值	均值	标准差	变异系数
C_{DX}	G_J	435	1 114	749.2	284.18	0.379
	G_L	630	1 206	946.4	240.101	0.254
C_{DXDX}	G_J	628	936	791.4	136.597	0.173
	G_L	616	1 190	831.6	220.348	0.265
C_{XD}	G_J	521	1 141	965.6	254.764	0.264
	G_L	641	1 328	968.8	278.339	0.287
C_{XDXD}	G_J	519	1 116	895.8	242.731	0.271
	G_L	529	1 215	963.4	262.447	0.272

表 6-26　灌溉方式-交替次序耦合效应对土壤电导率双因素方差分析结果

来源	极小值			极大值			均值			变异系数		
	Ⅲ类平方和	F值	显著性	Ⅲ类平方和	F值	显著性	Ⅲ类平方和	F值	显著性	Ⅲ类平方和	F值	显著性
C	3 675.38	0.85	0.368	46 993.50	8.95	0.007**	84 609.38	31.98	<0.001**	$1.98×10^{-4}$	0.060	0.809
G	36 738.38	8.49	0.009**	149 784.00	28.52	<0.001**	35 620.22	13.46	0.002**	$3.04×10^{-5}$	0.009	0.924
$C*G$	1 053.38	0.24	0.627	1 350.00	0.26	0.618	10 408.34	3.93	0.061	$1.22×10^{-3}$	0.370	0.550

注:F值是统计学中F检验的统计量。

6.3　小　结

本章主要探究灌溉方式-交替次序耦合条件下土壤水盐入渗及分布特性,得出以下主要结论:

(1)不同灌溉方式G及交替次序C处理下土壤湿润锋随时间呈对数型增加趋势。不同交替次序对湿润锋极大值、均值和时间变异性影响表现为:$C_{DX}>C_{DXDX}>C_{XD}>C_{XDXD}$、$C_{DXDX}>C_{XD}>C_{XDXD}>C_{DX}$ 和 $C_{DX}>C_{XD}>C_{XDXD}>C_{DXDX}$。除个别情况外,相较连续灌溉$G_L$,间歇灌溉$G_J$

对土壤湿润锋均值、极大值和时间变异性存在促进作用。C、G 及其耦合效应对土壤湿润锋均值和极大值均存在极显著影响($p < 0.01$)。各因素及其耦合效应对湿润锋极大值和均值影响分别表现为：$C > C*G > G$ 和 $C > G > C*G$。

（2）不同灌溉方式 G 及交替次序 C 处理下土壤累积入渗量随时间呈对数型增加趋势。连续灌溉条件下，不同交替次序对土壤累积入渗量均值和时间变异性影响分别表现为：$C_{XDXD} > C_{XD} > C_{DXDX} > C_{DX}$ 和 $C_{DX} > C_{XD} > C_{DXDX} > C_{XDXD}$。而间歇灌溉条件下结果为 $C_{DX} > C_{XDXD} > C_{DXDX} > C_{XD}$ 和 $C_{XD} > C_{XDXD} > C_{DXDX} > C_{DX}$。在 C_{XDXD} 和 C_{XD} 不同灌溉方式下土壤累积入渗量均值影响表现为：$G_J < G_L$，但在 C_{DXDX} 和 C_{DX} 下这一结果呈相反趋势。在 C_{DX} 交替次序下不同灌溉方式下土壤累积入渗量时间变异性表现为：$G_L > G_J$，在其他交替次序下这一结果呈相反趋势。除 G 对土壤累积入渗量均值影响不显著外，其余各单因素及双因素耦合效应对土壤累积入渗量均值和峰值出现时刻的影响均存在极显著影响($p < 0.01$)。G、C 及其耦合效应对土壤累积入渗量均值和峰值出现时刻的影响表现为：$C*G > C > G$ 和 $C > C*G > G$。

（3）不同灌溉方式 G 及交替次序 C 处理下土壤湿润锋与累积入渗量关系可采用线性模型描述，各因素及耦合效应对方程斜率 A 的影响表现为：$C > G > C*G$。

（4）不同灌溉方式 G 及交替次序处理下土壤含水率随土壤深度增加呈递减趋势，并在湿润锋处突变至初始含水率。连续灌溉条件下不同交替次序处理后土壤含水率极大值、均值和空间变异性表现为：$C_{DXDX} > C_{DX} > C_{XD} > C_{XDXD}$、$C_{XD} = C_{XDXD} > C_{DXDX} = C_{DX}$ 和 $C_{XD} > C_{XDXD} > C_{DXDX} > C_{DX}$。而间歇灌溉条件下结果为：$C_{DX} > C_{DXDX} > C_{XDXD} > C_{XD}$、$C_{XDXD} > C_{DXDX} > C_{XD}$。相比间歇灌溉，连续灌溉会对土壤含水率极大值、均值和空间变异性均有促进作用。G 对土壤含水率极大值和变异系数分别存在极显著影响($p < 0.01$)和显著影响($p < 0.05$)。G、C 及其耦合效应对土壤含水率极大值和均值影响表现为：$G > C > C*G$，对土壤含水率空间变异性影响表现为：$G > C*G > C$。

（5）G_L 和 G_J 条件下，经 C_{DX} 和 C_{DXDX} 交替次序处理后土壤电导率整体上随土壤深度增加呈先减后增趋势；G_J 条件下，经 C_{XD} 和 C_{XDXD} 交替次序处理结果表现为先增后减，而 G_L 条件下，这一趋势结果为单调递增。连续灌溉不同交替次序处理后土壤电导率极大值和均值表现为：$C_{XD} > C_{XDXD} > C_{DX} > C_{DXDX}$，而极小值表现为：$C_{XD} > C_{DX} > C_{DXDX} > C_{XDXD}$，空间变异性影响为：$C_{XD} > C_{XDXD} > C_{DXDX} > C_{DX}$；而间歇灌溉条件下结果为：$C_{XD} > C_{XDXD} > C_{DX} > C_{DXDX}$、$C_{XD} > C_{XDXD} > C_{DXDX} > C_{DX}$、$C_{DXDX} > C_{XD} > C_{XDXD} > C_{DX}$、$C_{DX} > C_{XDXD} > C_{XD} > C_{DXDX}$。在 C_{DXDX} 交替次序下 G_L 相较 G_J 对土壤电导率极小值具有抑制作用，而在其余交替次序下这一结果呈相反趋势。G_J 处理相较 G_L 会对土壤含水率极大值和均值均有抑制作用。在 C_{DX} 交替次序下 G_L 相较 G_J 对土壤电导率空间变异性具有抑制作用，而在其余交替次序下这一结果呈相反趋势。G 和 C 对土壤电导率极大值和均值，以及 G 对土壤电导率极小值存在极显著影响($p < 0.01$)。G、C 及其耦合效应对土壤电导率极小值和极大值影响均表现为：$G > C > C*G$，对土壤电导率均值和空间变异性影响分别表现为：$C > G > C*G$ 和 $C*G > C > G$。

第7章　微咸水灌溉田间土壤水流
运动及水盐分布特征

7.1　连续灌溉田间土壤水流运动及水盐分布特征

7.1.1　不同矿化度对水流推进及消退特征影响

图 7-1 为连续灌溉不同矿化度条件下水流推进及消退特征。从图 7-1 可知,沿畦长方向某一点的入渗时间为水流消退时间与水流推进时间之差,即两条曲线之间的垂直距离。连续灌溉不同矿化度条件下入渗时间在畦长方向上的分布明显不均匀,积水入渗时间随畦长距离的增加而迅速减小。经 $K_{1.7}$、$K_{3.4}$ 和 $K_{5.1}$ 灌溉水矿化度处理后水流推进到畦尾时分别为 63.9 min、66.1 min 和 61.6 min。经计算,$K_{3.4}$ 和 $K_{5.1}$ 灌溉水矿化度处理后水流推进到各测点耗时分别是 $K_{1.7}$ 处理的 1.03~1.27 倍和 0.64~1.03 倍,平均值分别为 1.11 倍和 0.96 倍。由此说明,不同灌溉水矿化度对田间水流推进快慢影响表现为:$K_{5.1}$>$K_{1.7}$>$K_{3.4}$,增加灌溉水矿化度对田间水流推进快慢影响表现为先抑制后促进。经 $K_{3.4}$ 和 $K_{5.1}$ 灌溉水矿化度处理后水流消退到各测点耗时分别是 $K_{1.7}$ 处理的 0.938~0.985 倍和 0.999~1.007 倍,平均值分别为 0.962 倍和 1.002 倍。由此说明,不同灌溉水矿化度对田间水流消退快慢影响表现为:$K_{3.4}$>$K_{1.7}$>$K_{5.1}$,增加灌溉水矿化度对田间水流消退快慢影响表现为先促进后抑制。

为了进一步深入探究灌溉水矿化度对水流推进过程的影响,有必要对其放水时段最大流程内的平均流速情况和畦尾受水时间进行分析。经计算,在第一周期,经 $K_{1.7}$、$K_{3.4}$ 和 $K_{5.1}$ 灌溉水矿化度处理后水流平均推进流速分别为 0.963 m/min、0.921 m/min 和 0.974 m/min。当灌溉水矿化度由 $K_{1.7}$ 增加至 $K_{3.4}$ 时,水流推进平均流速可减小 4.4%;当灌溉水矿化度由 $K_{3.4}$ 增加至 $K_{5.1}$ 时,水流推进平均流速可增加 5.8%,说明增加灌溉水矿化度对水流平均推进流速影响表现为先促进后抑制。畦尾受水时间是指畦尾水流消退时间与水流推进时间的差值。经计算,经 $K_{1.7}$、$K_{3.4}$ 和 $K_{5.1}$ 灌溉水矿化度处理后畦尾受水时间分别为 18.2min、14.0 min 和 21.1 min,经 $K_{3.4}$ 和 $K_{5.1}$ 处理后的畦尾受水时间分别是 $K_{1.7}$ 处理的 0.77 倍和 1.16 倍,由此说明不同灌溉水矿化度对畦尾受水时间影响表现为先抑制后促进,且这种影响程度较为显著。

7.1.2　不同矿化度对土壤含水率分布特征影响

图 7-2 为连续灌溉不同矿化度条件下土壤含水率一维垂向分布特征。由图 7-2 可知,除 $K_{3.4}$ 处理下沿畦长方向 50 m 特征位置处及 $K_{5.1}$ 处理下沿畦长方向 10 m 特征位置处外,在其余沿畦长方向任意特征位置,经不同矿化度处理后土壤含水率均随土壤深度增

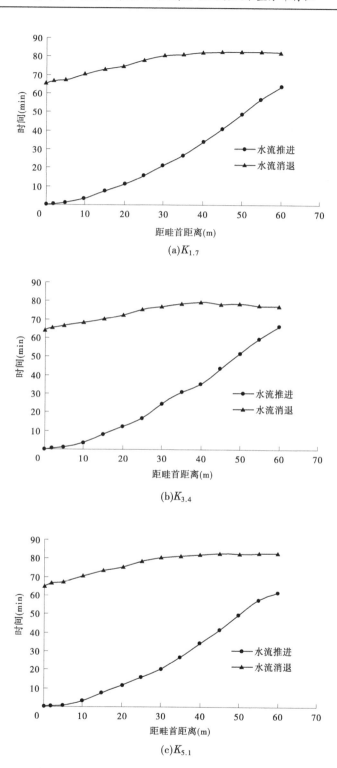

(a)$K_{1.7}$

(b)$K_{3.4}$

(c)$K_{5.1}$

图 7-1 连续灌溉不同矿化度条件下水流推进与消退特征

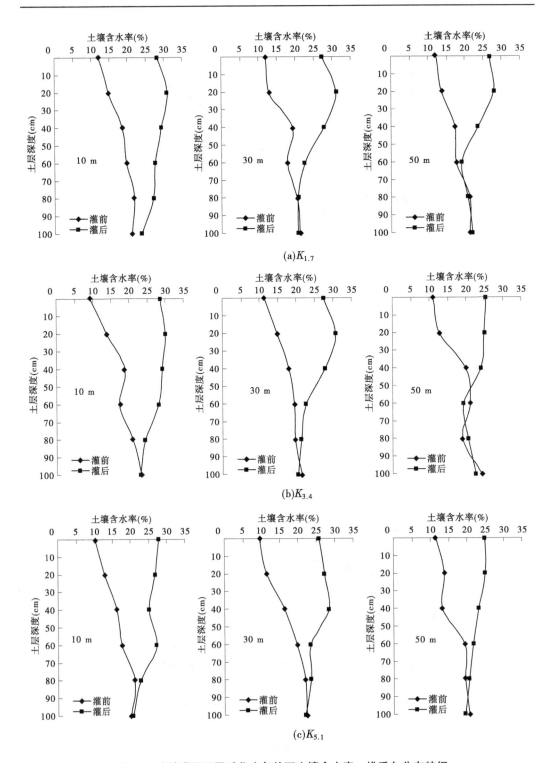

图 7-2 连续灌溉不同矿化度条件下土壤含水率一维垂向分布特征

加呈现先增后减的变化趋势。灌前与灌后土壤含水率一维垂向分布曲线之间横坐标差值为土壤含水率增量,不同矿化度处理下土壤含水率增量随土壤深度增加呈逐渐递减趋势。为了进一步探明灌溉水矿化度对土壤含水率增量影响,对含水率样本进行了统计学分析。表 7-1 为连续灌溉不同矿化度条件下土壤含水率增量统计学特征值。在沿畦长方向 10 m 特征位置处,增加灌溉水矿化度对土壤含水率增量极大值影响表现为先促进后抑制,而在 30 m 和 50 m 特征位置,这一结果表现为抑制作用。在 10 m 特征位置处增加灌溉水矿化度对土壤含水率增量均值表现为先促进后抑制,而在 30 m 和 50 m 特征位置,这一结果表现为相反趋势。再从土壤含水率增量的空间变异性来看,在 10 m、30 m 和 50 m 特征位置处,增加灌溉水矿化度对土壤含水率增量沿畦田长度方向的空间变异性影响分别表现为促进、抑制和先促进后抑制,但各矿化度处理间差异性不大。

表 7-1　连续灌溉不同矿化度条件下土壤含水率增量统计学特征值

矿化度	特征位置 （沿畦长方向）	统计学指标				
		极小值	极大值	均值	标准差	变异系数
$K_{1.7}$	10 m	2.70	16.20	9.73	5.65	0.58
	30 m	−0.50	18.00	7.73	7.64	0.99
	50 m	−0.50	14.50	6.08	6.81	1.12
$K_{3.4}$	10 m	−0.20	19.30	9.92	7.41	0.75
	30 m	−1.20	15.90	7.55	7.39	0.98
	50 m	−1.70	14.20	4.83	6.87	1.42
$K_{5.1}$	10 m	0.40	17.50	8.63	6.66	0.77
	30 m	−0.30	16.00	8.10	7.29	0.90
	50 m	−1.30	13.50	6.13	6.15	1.00

7.1.3　不同矿化度对土壤盐分分布特征影响

图 7-3 为不同矿化度条件下主根层(0~40 cm)土壤盐分分布特征。由图 7-3 可知,在不同矿化度条件下,灌溉后主根层土壤盐分沿畦长方向积累特征与灌溉前的呈相同趋势,且灌溉后主根层土壤盐分相较灌溉前明显增加,这是由于微咸水灌溉时一方面增加了土壤水分,另一方面随着水分的渗入,带入土壤中一定的盐分。为了进一步深入揭示不同矿化度对主根层土壤盐分增量的影响程度,有必要对样本极小值、极大值和均值三项统计学指标进行分析。经计算,$K_{1.7}$ 和 $K_{3.4}$ 处理后主根层土壤盐分增量的极小值分别为 23 μs/cm 和 69 μs/cm,极大值分别为 83 μs/cm 和 98 μs/cm,均值分别为 51 μs/cm 和 80.4 μs/cm,后者分别比前者增加了 2 倍、0.18 倍和 0.58 倍,由此说明增加灌溉水矿化度对主根层土壤盐分增量极小值、极大值和均值三项统计学指标具有促进作用。再从主根区土壤盐分增量空间变异性来看,$K_{1.7}$ 和 $K_{3.4}$ 处理后主根层土壤盐分增量变异系数分别为 0.49 和 0.13,由此说明增加灌溉水矿化度有助于降低主根层土壤盐分增量沿畦长方向的空间变异性。

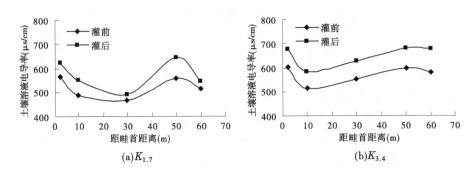

图 7-3　不同矿化度条件下主根层(0~40 cm)土壤盐分分布特征

图 7-4 为不同矿化度条件下计划湿润层(0~100 cm)土壤盐分分布特征。由图 7-4 可知,在不同矿化度条件下,灌溉后计划湿润层土壤盐分沿畦长方向积累特征与灌溉前呈相同趋势。不同矿化度处理后计划湿润层土壤盐分在畦长方向上均有一定程度的增加,且盐分增量随距畦首距离的增大逐渐减小。为了进一步深入揭示不同矿化度对计划湿润层土壤盐分增量的影响程度,有必要对样本极小值、极大值和均值三项统计学指标进行分析。经计算,$K_{1.7}$ 和 $K_{3.4}$ 处理后计划湿润层土壤盐分增量的极小值分别为 36 μs/cm 和 62 μs/cm,极大值分别为 136 μs/cm 和 145 μs/cm,均值分别为 74.2 μs/cm 和 99.4 μs/cm,后者分别比前者增加了 0.722 倍、0.066 倍和 0.340 倍,由此说明增加灌溉水矿化度对计划湿润层土壤盐分增量极小值、极大值和均值三项统计学指标具有促进作用。再从计划湿润层土壤盐分增量空间变异性来看,$K_{1.7}$ 和 $K_{3.4}$ 处理后计划湿润层土壤盐分增量变异系数分别为 0.55 和 0.32,由此说明增加灌溉水矿化度有助于降低计划湿润层土壤盐分增量沿畦长方向的空间变异性。

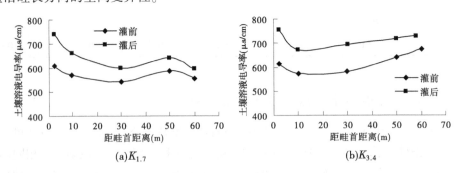

图 7-4　不同矿化度条件下计划湿润层(0~100 cm)土壤盐分分布特征

7.2　间歇灌溉田间土壤水流运动及水盐分布特征

7.2.1　不同周期数及循环率对水流推进及消退特征影响

图 7-5 为不同周期数及循环率条件下水流推进与消退特征。从图 7-5 可知,沿畦长方向某一点的入渗时间为水流消退时间与水流推进时间之差,即两条曲线之间的垂直距

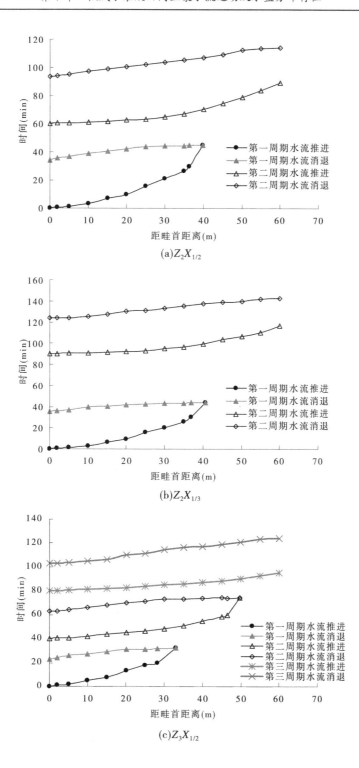

(a)$Z_2X_{1/2}$

(b)$Z_2X_{1/3}$

(c)$Z_3X_{1/2}$

图 7-5　不同周期数及循环率条件下水流推进与消退特征

离。对于任意周期数和循环率组合条件下,第一灌水周期的入渗时间在畦长方向上的分布明显不均匀,积水入渗时间随畦长距离的增加而迅速减小;而第二周期和第三周期,前一周期所形成的湿润地段土壤致密层已经形成,给下一周期加大水流推进速度创造了有利的边界条件,使水流推进速度随周期的增加而增加。当循环率为 $X_{1/2}$ 时,在第一周期结束时,经 Z_2 和 Z_3 处理后水流推进距离分别为 39.9 m 和 33.1 m,在第二周期结束时,这一结果为 60.0 m 和 49.7 m。在前两个周期结束时,经 Z_2 处理后水流推进距离均是 Z_3 处理的 1.21 倍,灌水周期数增加对第一和第二周期末水流距离推进有明显的抑制作用。对于 Z_2 处理的水流推进过程经过两个周期后结束,而 Z_3 处理的水流推进过程开始进入第三周期。当周期数为 Z_2 时,在第一周期结束时,经 $X_{1/2}$ 和 $X_{1/3}$ 处理后水流推进距离分别为 39.9 m 和 40.7 m,经 $X_{1/3}$ 处理后水流推进距离均是 $X_{1/2}$ 处理的 1.02 倍;在第二周期结束时,不同循环率处理的水流推进距离均为 60 m,由此说明循环率对各周期末的水流推进距离无显著影响。

为了进一步深入探究周期数及循环率对水流推进过程的影响,有必要对其放水时段最大流程内的平均流速情况和畦尾受水时间进行分析。经计算,在第一周期,经 $Z_2X_{1/2}$、$Z_2X_{1/3}$ 和 $Z_3X_{1/2}$ 处理后水流平均推进流速分别为 1.210 m/min、1.233 m/min 和 1.410 m/min;在第二周期时,这一结果分别为 2.048 m/min、2.214 m/min 和 2.32 m/min。在第一周期和第二周期,循环率由 $X_{1/2}$ 降低至 $X_{1/3}$ 时,水流平均推进流速可分别增加 1.9% 和 8.1%,说明降低循环率对各周期内的水流平均推进流速具有促进作用,且在第二周期作用效果更显著。在第一周期和第二周期,周期数由 Z_2 增加至 Z_3 时,水流平均推进流速可分别增加 16.5% 和 13.3%,说明增加周期数对各周期内的水流平均推进流速具有促进作用。畦尾受水时间是指畦尾水流消退时间与水流推进时间的差值。经计算,经 $Z_2X_{1/2}$、$Z_2X_{1/3}$ 和 $Z_3X_{1/2}$ 处理后畦尾受水时间分别为 24.5 min、25.8 min 和 28.8 min,经 $Z_2X_{1/3}$ 和 $Z_3X_{1/2}$ 处理后的畦尾受水时间分别是 $Z_2X_{1/2}$ 处理的 1.05 倍和 1.18 倍,由此说明增加周期数和降低循环率对畦尾受水时间具有一定程度促进作用。

7.2.2　不同周期数及循环率对土壤含水率分布特征影响

图 7-6 为不同周期数及循环率条件下土壤含水率一维垂向分布特征。由图 7-6 可知,除 $Z_2X_{1/2}$ 处理下沿畦长方向 50 m 特征位置处及 $Z_2X_{1/3}$ 处理下沿畦长方向 10 m 特征位置处外,在其余沿畦长方向任意特征位置,经不同周期数及循环率处理后土壤含水率均随土壤深度增加呈现先增后减的变化趋势。灌前与灌后土壤含水率一维垂向分布曲线之间横坐标差值为土壤含水率增量,不同周期数及循环率处理下土壤含水率增量随土壤深度增加呈逐渐递减趋势。为了进一步探明不同周期数及循环率对土壤含水率增量影响,对含水率样本进行了统计学分析。表 7-2 为连续灌溉不同周期数及循环率条件下土壤含水率增量统计学特征值。由表 7-2 可知,在沿畦长方向任意特征位置处,周期数为 Z_2、循环率由 $X_{1/2}$ 降低至 $X_{1/3}$ 时,土壤含水率增量极小值能减小 5.4%~10.8%,土壤含水率增量极大值能够增加 2.5%~7.3%,说明降低循环率对土壤含水率增量极小值和极大值分别存在抑制作用和促进作用。在沿畦长方向 10m 特征位置处,周期数为 Z_2、循环率由

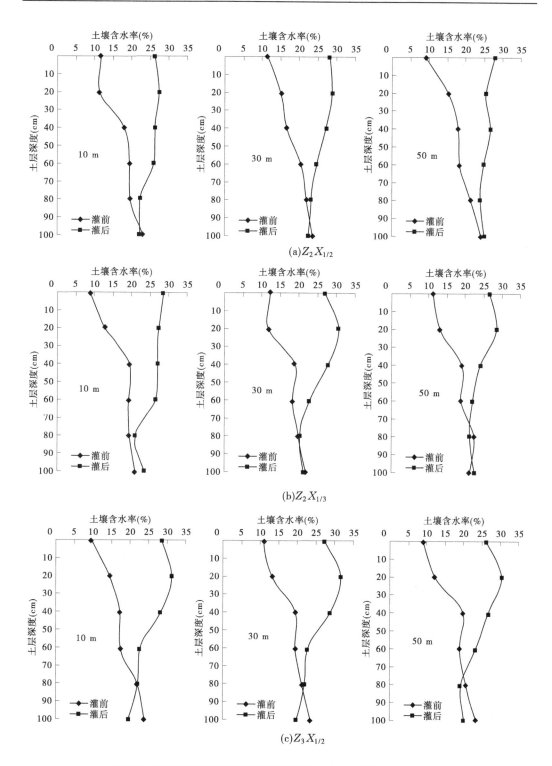

(a)$Z_2X_{1/2}$

(b)$Z_2X_{1/3}$

(c)$Z_3X_{1/2}$

图 7-6　不同周期数及循环率条件下土壤含水率一维垂向分布特征

$X_{1/2}$ 降低至 $X_{1/3}$ 时,土壤含水率增量的均值能增加 2.6%;在沿畦长方向 30 m 和 50 m 特征位置处,土壤含水率增量的均值分别能减小 2.8% 和 5.2%,说明循环率对含水率增量均值影响较小。在任意特征位置处,周期数为 Z_2、循环率由 $X_{1/2}$ 降低至 $X_{1/3}$ 时,含水率增量的变异系数能够增加 25.8%~112.7%,说明降低循环率能够增加土壤含水率增量沿畦长方向的空间变异性。

由表 7-2 可知,在沿畦长方向任意特征位置处,循环率为 $X_{1/2}$ 一定、周期数由 Z_2 增加至 Z_3 时,土壤含水率增量极小值能减小 12.2%~19.2%,土壤含水率增量极大值能够增加 8.2%~13.6%,说明增加周期数对土壤含水率增量极小值和极大值分别存在抑制作用和促进作用。在沿畦长方向 10 m 特征位置处,循环率为 $X_{1/2}$ 一定、周期数由 Z_2 增加至 Z_3 时,土壤含水率增量的均值能增加 0.9%;在沿畦长方向 30 m 和 50 m 特征位置处,土壤含水率增量的均值分别能减小 2.0% 和 5.2%,说明周期数对含水率增量影响较小。在任意特征位置处,循环率为 $X_{1/2}$ 一定、周期数由 Z_2 增加至 Z_3 时,含水率增量的变异系数能够增加 0.76~2.09 倍,说明增加周期数对土壤含水率增量沿畦长方向的空间变异性存在促进作用。

表 7-2　不同周期数及循环率条件下土壤含水率增量统计学特征值

处理	特征位置	统计学指标				
		极小值	极大值	均值	标准差	变异系数
$Z_2X_{1/2}$	10	22.20	27.30	25.05	2.22	0.089
	30	22.60	28.70	25.73	2.61	0.101
	50	24.00	27.90	25.63	1.40	0.055
$Z_2X_{1/3}$	10	21.00	28.70	25.70	2.88	0.112
	30	20.30	30.80	25.02	4.16	0.166
	50	21.40	28.60	24.30	2.85	0.117
$Z_3X_{1/2}$	10	19.50	31.00	25.27	4.51	0.178
	30	19.70	31.50	25.22	4.50	0.178
	50	19.40	30.20	24.30	4.13	0.170

7.2.3　不同周期数及循环率对土壤盐分分布特征影响

图 7-7 为不同周期数及循环率条件下主根层(0~40 cm)土壤盐分分布特征。由图 7-7 可知,在不同周期数和循环率条件下,灌溉后主根层土壤盐分沿畦长方向积累特征与灌溉前呈相同趋势,且灌溉后主根层土壤盐分相较灌溉前明显增加,这是由于微咸水灌溉时一方面增加了土壤水分,另一方面随着水分的渗入,带入土壤中一定的盐分。为了进一步深入揭示不同周期数和循环率对主根层土壤盐分增量的影响程度,对数据样本进行了统计学描述性分析。表 7-3 为不同周期数和循环率条件下主根层土壤盐分增量统计特征值。由表 7-3 可知,在周期数为 Z_2 时,经 $X_{1/2}$ 处理后土壤盐分增量极小值、极大值和均

值分别是 $X_{1/3}$ 处理结果的 0.714 倍、0.794 倍和 0.904 倍,说明循环率由 $X_{1/2}$ 减小至 $X_{1/3}$ 时,能够明显增大主根层土壤盐分增量。在循环率为 $X_{1/2}$ 时,经 Z_2 处理后土壤盐分增量极小值、极大值和均值分别是 Z_3 处理结果的 0.658 倍、1.132 倍和 1.017 倍,由此说明减小灌水周期数对主根层土壤盐分增量极小值具有明显的抑制作用,对主根层土壤盐分增量极大值具有明显促进作用,但对主根层土壤盐分平均增量无显著影响。再从盐分增量空间变异性来看,经 $Z_2X_{1/3}$ 和 $Z_3X_{1/2}$ 处理后主根层土壤盐分增量沿畦长方向的空间变异系数分别是 $Z_2X_{1/2}$ 处理结果的 1.124 倍和 0.619 倍,由此说明增加循环率和周期数有助于降低主根层土壤盐分增量的空间变异性。

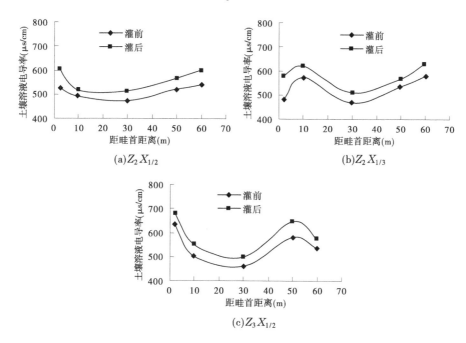

图 7-7　不同周期数及循环率条件下主根层(0~40 cm)土壤盐分分布特征

表 7-3　不同周期数和循环率条件下主根层土壤盐分增量

灌溉方式	统计学指标				
	极小值	极大值	均值	标准差	变异系数
$Z_2X_{1/2}$	25.00	77.00	49.000	19.786	0.404
$Z_2X_{1/3}$	35.00	97.00	54.200	24.601	0.454
$Z_3X_{1/2}$	38.00	68.00	48.200	12.071	0.250

图 7-8 为不同周期数及循环率条件下计划湿润层(0~100 cm)土壤盐分分布特征。由图 7-8 可知,在不同周期数和循环率条件下,灌溉后计划湿润层土壤盐分沿畦长方向积累特征与灌溉前呈相同趋势,即 S 形波动趋势。不同周期数和循环率处理后土壤盐分在畦长方向上均有一定程度的增加,且增量随距畦首距离的增大逐渐减小。这主要是由于畦首的入渗水量多,由灌溉水带入土壤的盐分较多,虽然入渗深度较大,但基本刚达到 100 cm 左右,并未将土壤盐分淋洗到该土层之外。畦尾的入渗水量少,由灌溉水带入土

壤的盐分较少,此外入渗深度也较小,未能将土壤盐分淋洗到该土层之外。综合上述两方面,最终表现出 0～100 cm 土层在畦首积盐量最大,随着距畦首距离的增大,0～100 cm 土层土壤积盐量逐渐减小,土壤盐分累积沿畦长方向分布不均匀。为了进一步深入揭示不同周期数和循环率对计划湿润层土壤盐分增量的影响程度,对数据样本进行了统计学描述性分析。表 7-4 为不同周期数和循环率条件下计划湿润层土壤盐分增量统计特征值。在周期数为 Z_2 时,经 $X_{1/2}$ 处理后土壤盐分增量极小值、均值和极大值分别是 $X_{1/3}$ 处理结果的 0.896 倍、1.204 倍和 0.997 倍,说明循环率由 $X_{1/2}$ 减小至 $X_{1/3}$ 时,对计划湿润层土壤盐分增量的极小值和均值存在一定程度的抑制作用,对盐分增量极大值具有明显促进作用。在循环率为 $X_{1/2}$ 时,经 Z_2 处理后土壤盐分增量极小值、均值和极大值分别是 Z_3 处理结果的 0.843 倍、1.168 倍和 0.955 倍,由此说明减小灌水周期数对计划湿润层土壤盐分增量极小值和均值存在一定程度的抑制作用,对计划湿润层土壤盐分增量极大值具有明显促进作用。再从盐分增量空间变异性来看,经 $Z_2X_{1/3}$ 和 $Z_3X_{1/2}$ 处理后计划湿润层土壤盐分增量沿畦长方向的空间变异系数分别是 $Z_2X_{1/2}$ 处理结果的 0.763 倍和 0.768 倍,由此说明降低循环率和增加周期数有助于降低计划湿润层土壤盐分增量的空间变异性。

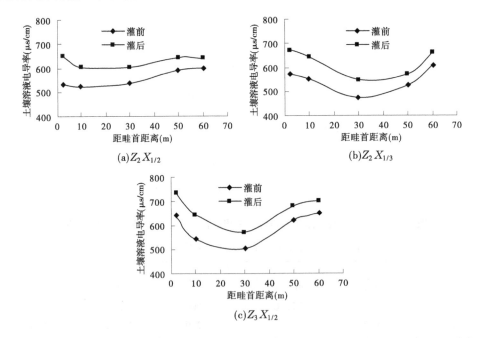

图 7-8　不同周期数及循环率条件下计划湿润层(0～100 cm)土壤盐分分布特征

表 7-4　不同周期数和循环率条件下计划湿润层土壤盐分增量统计特征值

组合	统计学指标				
	极小值	极大值	均值	标准差	变异系数
$Z_2X_{1/2}$	43.00	118.00	72.400	29.636	0.409
$Z_2X_{1/3}$	48.00	98.00	72.600	22.645	0.312
$Z_3X_{1/2}$	51.00	101.00	75.800	23.784	0.314

7.3　小　结

本章主要对连续灌溉不同矿化度条件下和间歇灌溉不同周期数及循环率条件下田间土壤水流运动及水盐分布特征进行研究,得出以下主要结论:

(1)不同灌溉水矿化度对田间水流消退快慢影响表现为:$K_{3.4}>K_{1.7}>K_{5.1}$,增加灌溉水矿化度对田间水流消退快慢影响表现为先促进后抑制。除个别情况外,在沿畦长方向任意特征位置,经不同矿化度处理后土壤含水率均随土壤深度增加呈现先增后减趋势。增加灌溉水矿化度对土壤含水率增量统计学指标存在一定影响,对含水率增量空间变异性影响并不显著。增加灌溉水矿化度对主根层和计划湿润层土壤盐分增量统计学指标均具有促进作用,对主根层和计划湿润层土壤盐分增量沿畦长方向的空间变异性具有抑制作用。

(2)灌水周期数增加对周期末水流距离推进有明显的抑制作用,改变循环率对周期末水流推进距离无显著影响。除个别情况外,在沿畦长方向任意特征位置,经不同周期数及循环率处理后土壤含水率均随土壤深度增加呈现先增后减趋势,而土壤含水率增量随土壤深度增加呈逐渐递减趋势。降低循环率和增加周期数对土壤含水率增量极大值和空间变异性均存在促进作用,对土壤含水率增量极小值存在抑制作用。改变循环率和周期数对含水率增量的均值影响较小。

(3)降低周期数对主根层盐分增量极小值、计划湿润层盐分增量极小值和均值存在抑制作用,对主根层及计划湿润层盐分增量极大值和空间变异性存在促进作用。在主根层盐分增量极小值、均值和变异性与循环率呈负相关,但在计划湿润层这一结果为正相关。降低循环率对主根层及计划湿润层盐分增量极大值存在促进作用。

第 8 章　微咸水间歇灌溉水盐耦合灌水模型研究

间歇灌溉水流沿地面向前推进的同时,水分也通过地表向土壤中入渗,因此完整模拟间歇灌溉水流过程,就应能同时模拟水流推进和水分入渗这两个过程。地表水流运动模拟常采用完整水动力学模型、零惯量模型或运动波模型,入渗常采用考斯加科夫入渗公式模拟,例如常用的地面灌溉模拟软件 SRFR。但是这类模型存在两个缺陷,一是入渗参数在田间变异性大,入渗参数影响因素主要有土壤初始含水率、土壤质地、土壤容重等,其中土壤初始含水率对入渗参数影响最为明显,由于沿畦长各点土壤初始含水率通常变化较大,这就造成入渗参数的变化也很大,这样采用田块某点的入渗参数代入模型模拟,对模拟结果有较大影响;二是考斯加科夫入渗模型仅仅能模拟沿畦长各点的水分累积入渗量,不能模拟土壤含水率的空间分布,这样就无法判断含水率空间分布是否合理。为避免以上两缺陷,本书将采用新的模型模拟土壤入渗过程,构建微咸水间歇灌灌水模型,模型构建方案如下:

(1)由于零惯量模型具有计算简单、运算精度较高等优点,本书将采用零惯量模型模拟地面水流运动过程。

(2)采用沿畦长方向的二维土壤水分运动方程代替传统入渗模型来模拟土壤水分运动过程。由于土壤水分运动方程所需的基本土壤水分特征曲线、饱和导水率等与土壤初始含水率无关,这就有效克服了土壤含水率对入渗参数的影响;同时土壤水分运动方程又可计算出土壤含水率的空间分布,这又克服了入渗模型不能模拟土壤含水率空间分布的缺陷。

(3)由于采用微咸水灌溉时,在水分入渗的同时也伴随着盐分的运动,为此将采用二维对流扩散溶质运移方程来模拟盐分的运移,这样便可求得盐分在畦田上的空间分布。

8.1　控制方程

假定条件:畦长远大于畦宽,可忽略水流的横向流动,认为田面水流是沿畦长方向的一维流动;每一畦块内坡度均匀、土壤质地、土壤类型和田面糙率等自然条件均相同,畦田各层土壤各向同性,入渗水流为连续介质且不可压缩,在土壤水分运动过程中,土壤骨架不变形。微咸水间歇畦灌过程水流运动模型为

$$\frac{\partial y}{\partial t} + \frac{\partial q}{\partial x} + \frac{\partial Z}{\partial t} = 0 \tag{8-1}$$

$$\frac{\partial y}{\partial x} = S_0 - S_f \tag{8-2}$$

$$\frac{\partial \theta}{\partial t} = \frac{\partial}{\partial x}\left[K(h) \frac{\partial h}{\partial x} \right] + \frac{\partial}{\partial z}\left[K(h) \frac{\partial h}{\partial z} \right] + \frac{\partial K(h)}{\partial z} \tag{8-3}$$

$$\frac{\partial(\theta C)}{\partial t} = \frac{\partial}{\partial x}\left(\theta D_{xx}\frac{\partial C}{\partial x}\right) + \frac{\partial}{\partial z}\left(\theta D_{zz}\frac{\partial C}{\partial z}\right) - \frac{\partial(q_x C)}{\partial x} - \frac{\partial(q_z C)}{\partial z} \tag{8-4}$$

式中: t 为灌水时间, s; q 为田面水流单宽流量, m^2/s; x 为沿畦沟长方向距畦沟首的距离, m; Z 为累积入渗量, m, 由式(8-3)求解; y 为地表水深, m; S_0 为田面坡度; S_f 为阻力坡降,

$S_f = \dfrac{Q^2 n^2}{y^2 R^{\frac{4}{3}}} = \dfrac{Q^2 n^2}{\rho_1 y^{\rho_2}}$, ρ_1、ρ_2 为经验系数, $\rho_1 = 1$, $\rho_2 = 10/3 = 3.3333$, n 为田面糙率, Q 为入畦流

量, m^3/s; θ 为土壤体积含水率, cm^3/cm^3; h 为土壤负压水头, cm; $K(h)$ 为土壤非饱和导水率, cm/s; z 为空间垂直坐标, cm, 向上为正; C 为土壤盐分浓度, mg/cm^3; q_x、q_z 为 x 方向和 z 方向的土壤水分通量, cm/s; D_{xx}、D_{zz} 为 x 方向和 z 方向的水动力弥散系数, cm^2/s。

　　式(8-1)和式(8-2)为零惯量模型, 主要用于求解地面水流的推进和消退过程; 式(8-3)为土壤水分运动方程, 主要用于计算零惯量模型中的入渗项和水分在土壤中的空间分布; 式(8-4)为盐分运移方程, 主要计算盐分在土壤中的运移和分布。

8.2　定解条件

8.2.1　初始条件

8.2.1.1　零惯量模型初始条件

$$q(x,t) = 0,\ t = 0 \tag{8-5}$$
$$y(x,t) = 0,\ t = 0 \tag{8-6}$$

8.2.1.2　土壤水分运动方程初始条件

$$h(x,z,t) = h_0(x,z),\ t = 0 \tag{8-7}$$

式中: $h_0(x,z)$ 为灌前畦田初始土壤含水率分布对应的负压水头分布, cm。

8.2.1.3　盐分运移方程初始条件

$$C(x,z,t) = C_0(x,z),\ t = 0 \tag{8-8}$$

式中: $C_0(x,z)$ 为灌前畦田初始土壤盐分分布, mg/cm^3。

8.2.2　边界条件

8.2.2.1　零惯量模型初始条件

　　上游边界为

$$\begin{cases} q(x,t) = q_0 & x = 0,\ 0 \leqslant t \leqslant t_1 \\ q(x,t) = 0 & x = 0,\ t_1 < t \leqslant t_2 \\ y(x,t) = 0 & x = x_R,\ t_2 < t \leqslant t_4 \end{cases} \tag{8-9}$$

　　下游边界为

$$\begin{cases} y(x,t) = 0 & x = x_A,\ 0 \leqslant t \leqslant t_3 \\ q(x,t) = 0 & x = L,\ t_3 < t \leqslant t_4 \end{cases} \tag{8-10}$$

式中: q_0 为畦首进口流量, m^2/s; t_1 为畦口断水时间, s; t_2 为畦口消退末时间, s; t_3 为水流前锋推进到畦尾端时间, s; t_4 为水流尾锋退水到畦尾端时间, s; x_A 为水流前锋位置, m; x_R 为水流退水尾锋位置, m; L 为畦长, m。

8.2.2.2　土壤水分运动方程边界条件

1. 上边界

当地表水流前锋推进到该点,且退水尾锋没有到达该点时,地表为积水入渗边界条件,即

$$h(x,z,t) = y(x,t), z = z_{\max}, t_\mathrm{a} \leqslant t \leqslant t_\mathrm{r} \tag{8-11}$$

式中, t_a 为 x 点处的推进时间, s; t_r 为 x 点处的退水时间, s; $y(x,t)$ 为 x 点处的地表水深, cm; $z_{\max}$ 为模型计算深度, cm。

其余时间地表为蒸发边界条件,即

$$-k(h)\frac{\partial h}{\partial z} - k(h) = E \tag{8-12}$$

式中: E 为地表蒸发强度, $\mathrm{cm/s}$。

2. 下边界

由于计算深度较深,且地下水埋深较深,可认为在计算时间内下边界土壤含水率没有发生变化,即

$$h(x,z,t) = h_0(x,z), z = 0 \tag{8-13}$$

3. 两侧边界

本模型假定畦田两侧土壤没有水分交换,即为零通量边界。

$$k(h)\frac{\partial h}{\partial x} = 0, x = 0 \text{ 或 } x = L \tag{8-14}$$

8.2.2.3　土壤水盐分运移方程边界条件

1. 上边界

当地表水流前锋推进到该点,且退水尾锋没有到达该点时,地表有积水,为一类边界条件,即

$$C(x,z,t) = C_\mathrm{w}, z = z_{\max}, t_\mathrm{a} \leqslant t \leqslant t_\mathrm{r} \tag{8-15}$$

式中: t_a 为 x 点处的推进时间, s; t_r 为 x 点处的退水时间, s; C_w 为灌溉微咸水浓度, $\mathrm{mg/cm}^3$; $z_{\max}$ 为模型计算深度, cm。

其余时间,即

$$\theta D_{zz}\frac{\partial C}{\partial z} + EC = 0 \tag{8-16}$$

式中: E 为地表蒸发强度, $\mathrm{cm/s}$。

2. 下边界

由于计算深度较深,且地下水埋深较深,可认为在计算时间内下边界土壤盐分没有发生变化,即

$$C(x,z,t) = C_0(x,z), z = 0 \tag{8-17}$$

3. 两侧边界

本模型假定畦田两侧土壤没有盐分交换,即为零通量边界。

$$\frac{\partial C}{\partial x} = 0, x = 0 \text{ 或 } x = L \tag{8-18}$$

8.3　零惯量模型求解

零惯量模型采用欧拉积分法求解,其基本思想是将水流运动看作由一连串可变单元形成的可变控制体,每个单元的空间位置固定不变,如图 8-1 所示,表示两个连续时刻之间的地面和地下湿润部分轮廓线。在图中取出如图 8-2 所示的典型单元,图中符号的下标 $j,j-1$ 表示位置坐标,上标 $k,k+1$ 表示时间坐标,将所有单元体的计算结果绘成时空$(t-x)$平面图,如图 8-3 所示。图中推进轨迹线是推进阶段水流前锋随时间变化而到达的距离,退水轨迹线是退水尾锋从上游退到田块末端的过程线。

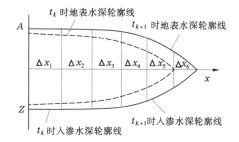

图 8-1　地面和地下入渗水深轮廓

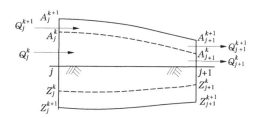

图 8-2　水流运动典型单元示意图

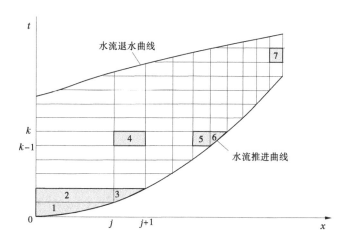

图 8-3　欧拉时空单元网格

8.3.1　基本方程离散化

8.3.1.1　进水阶段

1. 第一时段($A_1^0 = 0, Z_1^0 = 0, Q_1^0 = Q_0, A_2^1 = 0, Z_2^1 = 0, Q_2^1 = 0$)

本单元为水流推进第一单元,如图 8-4 所示,为三角单元。

对连续性方程积分得:

$$Q_0 \Delta t - (\varphi_1 A_1^1 + \varphi_1' Z_1^1) \Delta x_1 = 0 \qquad (8-19)$$

式中: φ_1 为地表水流前锋断面形状系数, $\varphi_1 = \dfrac{1}{1+\beta} = 1 - \dfrac{1}{\delta_2 + \rho_2 - 1}$,对于畦灌取 0.7; φ_1' 为入渗水量断面形状系数, $\varphi_1' = 0.67$ 。

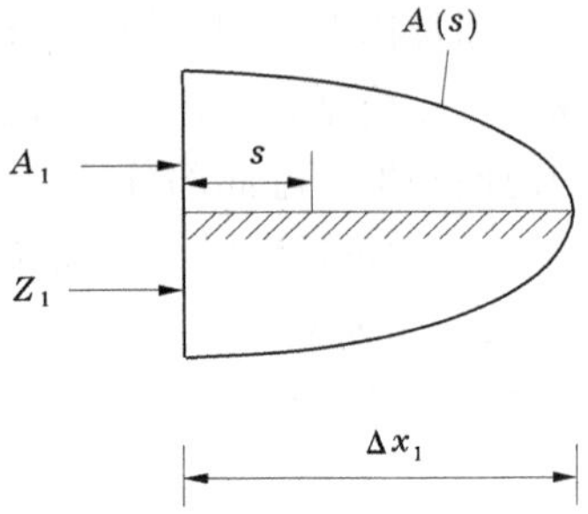

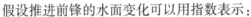

图 8-4　水流推进第一单元

假设推进前锋的水面变化可以用指数表示:

$$A(s) = b(\Delta x_1 - s)^\beta \qquad (8-20)$$

式中: b 、 β 为系数, $\beta = \dfrac{1}{\delta_2 + \rho_2 - 2}$ 。

对 s 微分得:

$$\frac{\partial A}{\partial s} = - b\beta(\Delta x_1 - s)^{\beta-1} = \frac{-\beta}{\Delta x_1 - s} A(S) \qquad (8-21)$$

所以有

$$\frac{\partial A}{\partial s}\bigg|_{s=0} = \frac{-\beta}{\Delta x_1} A_1^1 \qquad (8-22)$$

$$\frac{\partial h}{\partial s}\bigg|_{s=0} = \frac{\partial (\delta_1 A^{\delta_2})}{\partial s}\bigg|_{s=0} = \delta_1 \delta_2 A^{\delta_2-1} \frac{\partial (A)}{\partial s}\bigg|_{s=0} = \frac{-\beta\delta_1\delta_2(A_1^1)^{\delta_2}}{\Delta x_1} \qquad (8-23)$$

故运动方程为

$$\frac{\beta\delta_1\delta_2(A_1^1)^{\delta_2}}{\Delta x_1} + \left[S_0 - \frac{(Q_1^1)^2 n^2}{\rho_1 (A_1^1)^{\rho_2}} \right] = 0 \qquad (8-24)$$

2. 第二时段

(1)第一格为矩形网格($Q_1^0 = Q_0, A_2^0 = 0, Z_2^0 = 0, Q_2^0 = 0, Q_1^2 = Q_0$)。

对式(8-1)和式(8-2)进行积分得:

$$[Q_0 - \theta Q_2^2]\Delta t - [\varphi(A_1^2 + Z_1^2) + (1 - \varphi)(A_2^2 + Z_2^2) - (\varphi_1 A_1^1 + \varphi_1' Z_1^1)]\Delta x_1 = 0 \qquad (8-25)$$

$$\frac{\delta_1 (A_2^2)^{\delta_2} - \delta_1 (A_1^2)^{\delta_2}}{\Delta x_1} = S_0 - \left[\varphi \frac{(Q_1^2)^2 n^2}{\rho_1 (A_1^2)^{\rho_2}} + (1 - \varphi) \frac{(Q_2^2)^2 n^2}{\rho_1 (A_2^2)^{\rho_2}} \right] \qquad (8-26)$$

式中: θ 为考虑断面流量的时间加权系数,本书取值为 0.66; φ 为考虑水深非线性变化的空间加权系数,本书取值为 0.5。

（2）第二格为三角形网格，即水流推进前锋格（$A_2^1 = 0$, $Z_2^1 = 0$, $Q_2^1 = 0$, $A_3^2 = 0$, $Z_3^2 = 0$, $Q_3^2 = 0$）。

$$\theta Q_2^2 \Delta t - (\varphi_1 A_2^2 + \varphi_1' Z_2^2) \Delta x_2 = 0 \tag{8-27}$$

$$\frac{\beta \delta_1 \delta_2 (A_2^2)^{\delta_2}}{\Delta x_2} + \left[S_0 - \frac{(Q_2^2)^2 n^2}{\rho_1 (A_2^2)^{\rho_2}} \right] = 0 \tag{8-28}$$

3. 第三时段至断水

在此阶段，如果水流前锋没有到达畦尾，则每增加一个时段，增加一个推进网格，第 k 个时段，共有 k 个网格。如果水流已经到达畦尾，即 $k > K_3$，共有 K_3 个网格。

（1）第 $1 \sim k-2$ 格。

此阶段为矩形网格，对式（8-1）和式（8-2）积分得

$$\left[\theta (Q_j^k - Q_{j+1}^k) + (1 - \theta)(Q_j^{k-1} - Q_{j+1}^{k-1}) \right] \Delta t - \left[\varphi (A_j^k + Z_j^k - A_j^{k-1} - Z_j^{k-1}) + \right.$$
$$\left. (1 - \varphi)(A_{j+1}^k + Z_{j+1}^k - A_{j+1}^{k-1} - Z_{j+1}^{k-1}) \right] \Delta x_j = 0 \tag{8-29}$$

$$\frac{\delta_1 (A_{j+1}^k)^{\delta_2} - \delta_1 (A_j^k)^{\delta_2}}{\Delta x_j} = S_0 - \left[\varphi \frac{(Q_j^k)^2 n^2}{\rho_1 (A_j^k)^{\rho_2}} + (1 - \varphi) \frac{(Q_{j+1}^k)^2 n^2}{\rho_1 (A_{j+1}^k)^{\rho_2}} \right] \tag{8-30}$$

（2）第 $k-1$ 格。

$$\left[\theta Q_{k-1}^k + (1 - \theta) Q_{k-1}^{k-1} - \theta Q_k^k \right] \Delta t - \left[\varphi (A_{k-1}^k + Z_{k-1}^k) + (1 - \varphi)(A_k^k + Z_k^k) - \right.$$
$$\left. (\varphi_1 A_{k-1}^{k-1} + \varphi_1' Z_{k-1}^{k-1}) \right] \Delta x_{k-1} = 0 \tag{8-31}$$

$$\frac{\delta_1 (A_k^k)^{\delta_2} - \delta_1 (A_{k-1}^k)^{\delta_2}}{\Delta x_{k-1}} = S_0 - \left[\varphi \frac{(Q_{k-1}^k)^2 n^2}{\rho_1 (A_{k-1}^k)^{\rho_2}} + (1 - \varphi) \frac{(Q_k^k)^2 n^2}{\rho_1 (A_k^k)^{\rho_2}} \right] \tag{8-32}$$

（3）第 k 格（水流前锋格）。

$$\theta Q_k^k \Delta t - (\varphi_1 A_k^k + \varphi_1' Z_k^k) \Delta x_k = 0 \tag{8-33}$$

$$\frac{\beta \delta_1 \delta_2 (A_k^k)^{\delta_2}}{\Delta x_k} + \left[S_0 - \frac{(Q_k^k)^2 n^2}{\rho_1 (A_k^k)^{\rho_2}} \right] = 0 \tag{8-34}$$

当水流前锋到达畦尾后，水流前锋不再产生新网格，所有网格均为矩形网格，共有 N 个网格，$N+1$ 个节点，第 $1 \sim N-1$ 个网格上的离散方程与式（8-29）和式（8-30）相同，第 N 个网格上（$Q_{N+1}^{k-1} = 0$, $Q_{N+1}^k = 0$）的进行积分有：

$$\left[\theta Q_N^k + (1 - \theta) Q_N^{k-1} \right] \Delta t - \left[\varphi (A_N^k + Z_N^k - A_N^{k-1} - Z_N^{k-1}) + \right.$$
$$\left. (1 - \varphi)(A_{N+1}^k + Z_{N+1}^k - A_{N+1}^{k-1} - Z_{N+1}^{k-1}) \right] \Delta x_N = 0 \tag{8-35}$$

$$\frac{\delta_1 (A_{N+1}^k)^{\delta_2} - \delta_1 (A_N^k)^{\delta_2}}{\Delta x_N} = S_0 - \varphi \frac{(Q_N^k)^2 n^2}{\rho_1 (A_N^k)^{\rho_2}} \tag{8-36}$$

8.3.1.2　垂直消退阶段

断水后，进入垂直消退阶段，直到入口处水深为零，这一阶段的离散方程与进水阶段相同，只需将上游第一格 $Q_1 = 0$ 代入连续式（8-29）即可，其余与式（8-29）～式（8-36）相同。在计算过程中，水深为零是方程的奇异点，因此通常假定水深减小到入口正常水深的 5% 即可认为垂直消退阶段完成。

8.3.1.3 退水阶段

从垂直消退结束开始,进入退水阶段。退水时水深减小,流速减慢,退水尾锋难以识别,通常假定只要水深小于原水深的5%时,即认为该点已退水,地表剩余水量原地入渗,计算网格减少一个(相当于入口边界向下游移动一格)。退水阶段各方程与式(8-29)~式(8-36)相同,只是计算网格的上游边界为退水尾锋,并将退水尾锋格 $Q_m = 0$ 代入式(8-29)即可。

8.3.2 离散方程组求解

8.3.2.1 非线性方程组线性化

式(8-19)~式(8-36)均为非线性方程组,直接求解比较困难。为此,本书采用Newton-Raphson迭代算法将非线性方程线性化进行近似求解。基本原理如下:

记第 j 个单元的连续性方程与运动方程分别为 P_j 和 R_j,当方程获得真解时,有:

连续方程

$$P_j = 0 \tag{8-37}$$

运动方程

$$R_j = 0 \tag{8-38}$$

利用泰勒级数展开得:

$$P_j^{n+1} = P_j^n + \nabla P_j^n \cdot \Delta P_j^n \tag{8-39}$$

$$R_j^{n+1} = R_j^n + \nabla R_j^n \cdot \Delta R_j^n \tag{8-40}$$

式中, $\nabla P_j^n = \left(\dfrac{\partial P_j}{\partial A_j}, \dfrac{\partial P_j}{\partial Q_j}, \dfrac{\partial P_j}{\partial A_{j+1}}, \dfrac{\partial P_j}{\partial Q_{j+1}}\right)^n$; $\nabla R_j^n = \left(\dfrac{\partial R_j}{\partial A_j}, \dfrac{\partial R_j}{\partial Q_j}, \dfrac{\partial R_j}{\partial A_{j+1}}, \dfrac{\partial R_j}{\partial Q_{j+1}}\right)^n$; $\Delta P_j^n = (A_j^{n+1} - A_j^n, Q_j^{n+1} - Q_j^n, A_{j+1}^{n+1} - A_{j+1}^n, Q_{j+1}^{n+1} - Q_{j+1}^n) = (\delta A_j, \delta Q_j, \delta A_{j+1}, \delta Q_{j+1})$; $\Delta R_j^n = (\delta A_j, \delta Q_j, \delta A_{j+1}, \delta Q_{j+1})$; 上标 n 是迭代次数。

获得真解时, $P_j^{n+1} = 0, R_j^{n+1} = 0$,可得:

$$\left(\frac{\partial P_j}{\partial A_j}\right)^n \delta A_j + \left(\frac{\partial P_j}{\partial Q_j}\right)^n \delta Q_j + \left(\frac{\partial P_j}{\partial A_{j+1}}\right)^n \delta A_{j+1} + \left(\frac{\partial P_j}{\partial Q_{j+1}}\right)^n \delta Q_{j+1} = - P_j^n \tag{8-41}$$

$$\left(\frac{\partial R_j}{\partial A_j}\right)^n \delta A_j + \left(\frac{\partial R_j}{\partial Q_j}\right)^n \delta Q_j + \left(\frac{\partial R}{\partial A_{j+1}}\right)^n \delta A_{j+1} + \left(\frac{\partial R_j}{\partial Q_{j+1}}\right)^n \delta Q_{j+1} = - R_j^n \tag{8-42}$$

将式(8-41)和式(8-42)记为

$$A_j \delta A_j + B_j \delta Q_j + C_j \delta A_{j+1} + D_j \delta Q_{j+1} = - P_j^n \tag{8-43}$$

$$E_j \delta A_j + F_j \delta Q_j + G_j \delta A_{j+1} + H_j \delta Q_{j+1} = - R_j^n \tag{8-44}$$

8.3.2.2 线性方程组求解

由前述可知,设在 t_k 时段共有 N 个单元,$N+1$ 个节点,每个单元可建立2个方程,共 $2N$ 个方程,每个节点有两个未知数 Q 和 A,共 $2N+2$ 个未知数,因此要想求解这 $2N+2$ 个未知数,还需要补充上下游边界条件,组成 $2N+2$ 个方程。

假设对于边界节点,流量 Q 是过水断面 A 的函数,即

$$\delta Q_i = S_i \delta A_i + T_i \tag{8-45}$$

式中：i 为边界节点编号；S_i、T_i 为系数。

1. 上游边界处理

进水阶段：上游边界的畦首入畦流量已知，为 Q_0，一般为与 A 无关的常数，故式(8-45)中 $S_1 = 0$，$T_1 = 0$。

垂直消退阶段：上游边界的畦首入畦流量为 0，$Q_1 = 0$，$\delta Q_1 = 0$，故 $S_1 = 0$，$T_1 = 0$。

退水阶段：退水尾锋处流量为 0，设 i 为退水边界节点编号，$Q_i = 0$，$\delta Q_i = 0$，故 $S_i = 0$，$T_i = 0$。

2. 下边界处理

当推进湿润前锋没有到达畦尾时，设 Δx_{N+1} 的变化量 $\delta\delta = S_{N+1}\delta A_{N+1} + T_{N+1}$，因 $A_{N+1} = 0$，$\delta A_{N+1} = 0$，故 $\delta\delta = T_{N+1}$。

当推进湿润前锋到达畦尾后，上边界为挡水边界，则 $Q_{N+1} = 0$，$\delta Q_{N+1} = 0$，故 $\delta A_{N+1} = -\dfrac{T_{N+1}}{S_{N+1}}$。

在 t_k 时段 N 个单元的 $2N+2$ 个方程可表示为

$$\begin{bmatrix} -S_1 & 1 & & & & & & \\ A_1 & B_1 & C_1 & D_1 & & & & \\ E_1 & F_1 & G_1 & H_1 & & & & \\ & & A_2 & B_2 & C_2 & D_2 & & \\ & & E_2 & F_2 & G_2 & H_2 & & \\ & & \cdots & \cdots & \cdots & \cdots & & \\ & & \cdots & \cdots & \cdots & \cdots & & \\ & & & & A_N & B_N & C_N & D_N \\ & & & & E_N & F_N & G_N & H_N \\ & & & & & & -S_{N+1} & 1 \end{bmatrix} \begin{bmatrix} \delta A_1 \\ \delta Q_1 \\ \delta A_2 \\ \delta Q_2 \\ \delta A_3 \\ \vdots \\ \vdots \\ \delta Q_N \\ \delta A_{N+1} \\ \delta\delta \end{bmatrix} = \begin{bmatrix} T_1 \\ -P_1 \\ -R_1 \\ -P_2 \\ -R_2 \\ \vdots \\ \vdots \\ -P_N \\ -R_N \\ T_{N+1} \end{bmatrix} \quad (8\text{-}46)$$

对于式(8-46)的求解方法有很多，本书采用双向扫描法求解。

8.4　土壤水分运动方程求解

8.4.1　土壤水分运动方程的 Galerkin 方程

求解土壤水分运动方程的主要数值方法有有限差分和有限单元法两类，本书采用基于 Galerkin 加权余量有限元法对非饱和土壤水分运动方程进行求解。

用 Galerkin 法求解土壤水分运动方程，首先假定下列形式的试探函数：

$$\bar{h}(x,z,t) = \sum_{i=1}^{n} N_i(x,z)h_i(t) \quad (8\text{-}47)$$

作为式(8-3)的近似解，并使其满足给定的边界条件。式中 $N_i(x,z)$ $(i=1,2,\cdots,n)$ 是 n 各线性无关的函数组，称为基函数组；$h_i(t)$ 是 t 时刻节点 i 处的负压水头值。由于

$h(x,z,t)$ 是微分方程的近似解,因此一般来说,将式(8-47)代入式(8-3)时,有

$$R(x,z) = \frac{\partial}{\partial x}\left[K(h)\,\frac{\partial \bar{h}}{\partial x}\right] + \frac{\partial}{\partial z}\left(K(h)\,\frac{\partial \bar{h}}{\partial z}\right) + \frac{\partial K(h)}{\partial z} - \frac{\partial \theta}{\partial t} \neq 0 \qquad (8\text{-}48)$$

称 $R(x,z)$ 为误差函数或剩余。

根据有限元思想,$R(x,z)$ 在计算区域 D 上的加权积分应等于零。Galerkin 法是将基函数组作为权函数组的一种特殊加权剩余法,即

$$\iint\limits_{D} R(x,z)N_i(x,z)\,\mathrm{d}x\mathrm{d}z = 0 \quad (i = 1,2,\cdots,n) \qquad (8\text{-}49)$$

在上式中如果先确定了权函数组 $N_i(x,z)$,那么式(8-49)中的 n 个方程组,只含有 n 个需求的 h_i 值,解此方程组便可解出 h_i。这种方法便是 Galerkin 有限元法。

将式(8-48)代入到式(8-49)中得:

$$\iint\limits_{D}\left[\frac{\partial}{\partial x}\left(K(h)\,\frac{\partial \bar{h}}{\partial x}\right) + \frac{\partial}{\partial z}\left[K(h)\,\frac{\partial \bar{h}}{\partial z}\right] + \frac{\partial K(h)}{\partial z} - \frac{\partial \theta}{\partial t}\right]N_i(x,z)\,\mathrm{d}x\mathrm{d}z = 0 \quad (i = 1,2,\cdots,n)$$
$$(8\text{-}50)$$

对式(8-50)进行分部积分得:

$$\iint\limits_{D}\left\{\frac{\partial N_i}{\partial x}\left[K(h)\,\frac{\partial \bar{h}}{\partial x}\right] + \frac{\partial N_i}{\partial z}\left[K(h)\left(\frac{\partial \bar{h}}{\partial z} + 1\right)\right] + N_i\,\frac{\partial \theta}{\partial t}\right\}\mathrm{d}x\mathrm{d}z -$$
$$\int\limits_{\Gamma}\left[K(h)\,\frac{\partial \bar{h}}{\partial x}n_x + K(h)\left(\frac{\partial \bar{h}}{\partial z} + 1\right)\right]N_i\mathrm{d}\Gamma = 0 \quad (i = 1,2,\cdots n) \qquad (8\text{-}51)$$

式中:Γ 为计算区域 D 的边界;$\vec{n} = (n_x,n_z)$ 为边界 Γ 的单位外法向矢量。

此式左端第二项积分为边界线处以 N_i 加权的垂直于边界的流量,若边界流量为零或权 N_i 为零,则此线积分为零。式(8-51)就是土壤水分运动方程的 Galerkin 方程。

8.4.2　土壤水分三角单元线性插值 Galerkin 有限元方程

将区域化分为三角有限单元,共 n 个节点,单元内的未知变量采用线性插值,式(8-51)变为

$$[A]\{h\} + [F]\,\frac{\partial \{\theta\}}{\partial t} = \{Q\} - \{B\} \qquad (8\text{-}52)$$

式中:$\{h\} = [h_1,h_2,\cdots,h_n]^T$

$$[A] = \sum_e \iint\limits_{D^e}\left[\frac{\partial [N]^T}{\partial x}K(h)\,\frac{\partial [N]}{\partial x} + \frac{\partial [N]^T}{\partial z}K(h)\,\frac{\partial [N]}{\partial z}\right]\mathrm{d}x\mathrm{d}z \qquad (8\text{-}53)$$

$$[F] = \sum_e \iint\limits_{D^e}[N]^T[N]\,\mathrm{d}x\mathrm{d}z \qquad (8\text{-}54)$$

$$\{Q\} = -\sum_e \int\limits_{\Gamma^e} q[N]^T\mathrm{d}\Gamma \qquad (8\text{-}55)$$

$$\{B\} = \sum_e \iint\limits_{D^e}\frac{\partial [N]^T}{\partial z}k(h)\,\mathrm{d}x\mathrm{d}z \qquad (8\text{-}56)$$

式(8-52)中的时间项采用隐式向后差分得:

$$[F]\frac{\{\theta\}_{j_0+1}-\{\theta\}_{j_0}}{\Delta t_{j_0}}+[A]_{j_0+1}\{h\}_{j_0+1}=\{Q\}_{j_0}-\{B\}_{j_0+1} \tag{8-57}$$

式中: j_0+1 为当前的时间层; j_0 为前一时间层; Δt_{j_0} 为两个时间层的时间间隔,即 $\Delta t_{j_0}=t_{j_0+1}-t_{j_0}$,min。

式(8-57)即为最终要求解的方程,需要注意的是式(8-57)中的矩阵 $\{\theta\}$ 、 $[A]$ 和 $\{B\}$ 是水头值 h 的函数,因此该方程组是高度非线性的,在每个 Δt_{j_0} 时段必须通过迭代法求解。为了减少迭代计算过程中的水量平衡误差,模型中采用了质量守恒的方法对土壤含水率项进行处理,迭代过程中将式(8-57)中的第一项分解成两部分:

$$[F]\frac{\{\theta\}_{j_0+1}-\{\theta\}_{j_0}}{\Delta t_{j_0}}=[F]\frac{\{\theta\}_{j_0+1}^{k_0+1}-\{\theta\}_{j_0+1}^{k_0}}{\Delta t_{j_0}}+[F]\frac{\{\theta\}_{j_0+1}^{k_0}-\{\theta\}_{j_0}}{\Delta t_{j_0}} \tag{8-58}$$

再将式(8-58)的第一项转化为用负压水头表示:

$$[F]\frac{\{\theta\}_{j_0+1}-\{\theta\}_{j_0}}{\Delta t_{j_0}}=[F][C]_{j_0+1}\frac{\{h\}_{j_0+1}^{k_0+1}-\{h\}_{j_0+1}^{k_0}}{\Delta t_{j_0}}+[F]\frac{\{\theta\}_{j_0+1}^{k_0}-\{\theta\}_{j_0}}{\Delta t_{j_0}} \tag{8-59}$$

式中: k_0+1 , k_0 为当前迭代和上一次迭代;矩阵 $[C]$ 中的元素 C_i 是 i 节点处的土壤容水度。

将式(8-59)代入式(8-57)整理得:

$$\left(\frac{[F][C]_{j_0+1}^{k_0}}{\Delta t_{j_0}}+[A]_{j_0+1}^{k_0}\right)\{h\}_{j_0+1}^{k_0+1}=\frac{[F][C]_{j_0+1}^{k_0}}{\Delta t_{j_0}}\{h\}_{j_0+1}^{k_0}-$$

$$[F]\frac{\{\theta\}_{j_0+1}^{k_0}-\{\theta\}_{j_0}}{\Delta t_{j_0}}+\{Q\}_{j_0}-\{B\}_{j_0+1}^{k_0} \tag{8-60}$$

8.4.3　入渗量求解

当某一时段计算完毕后,将时段末的计算值代入式(8-57)可反解出边界节点流量,即

$$q_i=-\frac{1}{l}\left(\sum_{m=1}^{N}F_{im}\frac{\theta_m^{j_0+1}-\theta_m^{j_0}}{\Delta t}+\sum_{m=1}^{N}A_{im}^{j_0+1}h_m^{j_0+1}+B_i^{j_0+1}\right) \tag{8-61}$$

式中: i 为地表入渗边界节点编号; l 为地表入渗边界节点的控制边界长度,cm; q_i 为由入渗边界节点在单位时段内入渗到土壤内的水量,cm/s。

因此,地表入渗边界节点在该时间步长内的入渗量为

$$Z_i=q_i\Delta t \tag{8-62}$$

8.5　土壤盐分运移方程求解

8.5.1　土壤盐分运动方程的 Galerkin 方程

式(8-4)变形得

$$\theta\frac{\partial C}{\partial t}=\frac{\partial}{\partial x}\left(\theta D_{xx}\frac{\partial C}{\partial x}\right)+\frac{\partial}{\partial z}\left(\theta D_{zz}\frac{\partial C}{\partial z}\right)-q_x\frac{\partial C}{\partial x}-q_z\frac{\partial C}{\partial z} \tag{8-63}$$

假定下列形式的试探函数：

$$\overline{C}(x,z,t) = \sum_{i=1}^{n} N_i(x,z) C_i(t) \tag{8-64}$$

作为式(8-4)的近似解，并使其满足给定的边界条件。式中 $N_i(x,z)(i=1,2,\cdots,n)$ 是 n 各线性无关的函数组，称为基函数组；$C_i(t)$ 是 t 时刻节点 i 处的盐分浓度。由于 $C(x,z,t)$ 是微分方程的近似解，因此一般来说，将式(8-64)代入式(8-63)时，有

$$R(x,z) = \frac{\partial}{\partial x}\left(\theta D_{xx}\frac{\partial \overline{C}}{\partial x}\right) + \frac{\partial}{\partial z}\left(\theta D_{zz}\frac{\partial \overline{C}}{\partial z}\right) - q_x\frac{\partial \overline{C}}{\partial x} - q_z\frac{\partial \overline{C}}{\partial z} - \theta\frac{\partial \overline{C}}{\partial t} \neq 0 \tag{8-65}$$

称 $R(x,z)$ 为误差函数或剩余。

根据有限元思想，$R(x,z)$ 在计算区域 D 上的加权积分应等于零。Galerkin 法是将基函数组作为权函数组的一种特殊加权剩余法，即

$$\iint_D R(x,z)N_i(x,z)\mathrm{d}x\mathrm{d}z = 0 \quad (i=1,2,\cdots,n) \tag{8-66}$$

在上式中如果先确定了权函数组 $N_i(x,z)$，那么式(8-66)中的 n 个方程组，只含有 n 个需求的 h_i 值，解此方程组便可解出 h_i。

将式(8-65)代入到式(8-66)中得：

$$\iint_D\left[\frac{\partial}{\partial x}\left(\theta D_{xx}\frac{\partial \overline{C}}{\partial x}\right) + \frac{\partial}{\partial z}\left(\theta D_{zz}\frac{\partial \overline{C}}{\partial z}\right) - q_x\frac{\partial \overline{C}}{\partial x} - q_z\frac{\partial \overline{C}}{\partial z} - \theta\frac{\partial \overline{C}}{\partial t}\right]N_i(x,z)\mathrm{d}x\mathrm{d}z = 0$$
$$(i=1,2,\cdots,n) \tag{8-67}$$

对式(8-67)进行分部积分得：

$$\iint_D\left\{\frac{\partial N_i}{\partial x}\left[\theta D_{xx}\frac{\partial \overline{C}}{\partial x}\right] + \frac{\partial N_i}{\partial z}\left[\theta D_{zz}(\frac{\partial \overline{C}}{\partial z})\right] + N_i q_x\frac{\partial \overline{C}}{\partial x} + N_i q_z\frac{\partial \overline{C}}{\partial z}N_i\theta\frac{\partial \overline{C}}{\partial t}\right\}\mathrm{d}x\mathrm{d}z -$$

$$\int_\Gamma\left(\theta D_{xx}\frac{\partial \overline{C}}{\partial x}n_x + \theta D_{zz}\frac{\partial \overline{C}}{\partial z}n_z\right)N_i\mathrm{d}\Gamma = 0 \quad (i=1,2,\cdots n) \tag{8-68}$$

式中：Γ 为计算区域 D 的边界；$\vec{n}=(n_x,n_z)$ 为边界 Γ 的单位外法向矢量。

式(8-68)就是土壤盐分运动方程的 Galerkin 方程。

8.5.2 土壤盐分运移三角单元 Galerkin 有限元方程

将区域化分为三角有限单元，共 n 个节点，单元内的未知变量采用线性插值，式(8-68)变为

$$\sum_e\iint_{D^e}\left[\left(\frac{\partial [N]^T}{\partial x}\theta D_{xx}\frac{\partial [N]}{\partial x} + \frac{\partial [N]^T}{\partial z}\theta D_{zz}\frac{\partial [N]}{\partial z}\right)\{C\}^e\right]\mathrm{d}x\mathrm{d}z + \sum_e\iint_{D^e}\left(\frac{\partial [N]^T}{\partial x}q_x + \frac{\partial [N]^T}{\partial z}q_z\right)$$

$$[N]\{C\}^e\mathrm{d}x\mathrm{d}z + \sum_e\iint_{D^e}[N]^T[N]\theta\frac{\partial \{C\}^e}{\partial t}\mathrm{d}x\mathrm{d}z + \sum_e\int_{\Gamma^e}q_D[N]^T\mathrm{d}\Gamma = 0 \tag{8-69}$$

式中：$\sum_e$ 为对单元求和；D^e 为单元区域。

上式可简写为

$$[A]\{C\} + [B]\{C\} + [F]\frac{\partial\{C\}}{\partial t} = \{Q_D\} \tag{8-70}$$

式中：$\{C\} = [C_1, C_2, \cdots, C_n]^T$。

$$[A] = \sum_e \iint_{D^e} \left[\left(\frac{\partial[N]^T}{\partial x}\theta D_{xx}\frac{\partial[N]}{\partial x} + \frac{\partial[N]^T}{\partial z}\theta D_{zz}\frac{\partial[N]}{\partial z} \right) \right] dxdz \tag{8-71}$$

$$\{B\} = \sum_e \iint_{D^e} \left(\frac{\partial[N]^T}{\partial x}q_x + \frac{\partial[N]^T}{\partial z}q_z \right)[N]dxdz \tag{8-72}$$

$$[F] = \sum_e \iint_{D^e} [N]^T[N]\theta dxdz \tag{8-73}$$

$$\{Q_D\} = -\sum_e \int_{\Gamma^e} q_D[N]^T d\Gamma \tag{8-74}$$

方程式(8-70)中的时间项采用隐式向后差分得：

$$[F]\frac{\{C\}_{j_0+1} - \{C\}_{j_0}}{\Delta t_{j_0}} + ([A]_{j_0+1} + [B]_{j_0+1})\{C\}_{j_0+1} = \{Q\}_{j_0+1} \tag{8-75}$$

式中：j_0+1 为当前的时间层；j_0 为前一时间层；Δt_{j_0} 为两个时间层的时间间隔，即 $\Delta t_{j_0} = t_{j_0+1} - t_{j_0}$，min。

式(8-75)整理得：

$$\left(\frac{[F]}{\Delta t_{j_0}} + [A]_{j_0+1} + [B]_{j_0+1} \right)\{C\}_{j_0+1} = \frac{[F]_{j_0+1}}{\Delta t_{j_0}}\{C\}_{j_0} + \{Q\}_{j_0+1} \tag{8-76}$$

8.6　模型耦合过程

微咸水间歇畦灌灌水过程中水流沿田面运动和水分下渗与盐分运移同时发生，地表水流运动的零惯量模型和下渗的土壤水分运动方程的耦合纽带为畦田地表土壤入渗量。在求解零惯量模型时，需要已知各节点的累积入渗量才能求解，而计算畦田表面各节点的累积入渗量又需要已知畦田表面各节点的水深才能求解，二者互为因果关系，本书将采用迭代法对零惯量模型和土壤水分运动方程与盐分运移方程进行耦合求解，每一时间步长的运行过程如下：

第一步，将上一时段末的地表水深和推进距离（当水流没有推进到畦尾时）作为当前时段值代入土壤水分运动方程，求出畦田地表节点入渗量。

第二步，将求出的入渗量代入零惯量模型，求出本时段畦田地表节点水深和推进距离（当水流没有推进到畦尾时）的第一次迭代值。

第三步，将畦田地表节点水深和推进距离（当水流没有推进到畦尾时）第一次迭代值重新代入土壤水分运动方程，求出畦田地表节点入渗量的修正值。

第四步，将畦田地表节点入渗量的修正值代入零惯量模型，求出本时段畦田地表节点水深和推进距离（当水流没有推进到畦尾时）的第二次迭代值。

第五步,比较两次求出的水深和推进距离(当水流没有推进到畦尾时)之差是否小于规定的误差,若小于本时段计算结束,否则返回到第三步,直到小于规定误差。

第六步,采用本时段土壤水分运动方程计算出各节点流量,结合边界条件,代入溶质运移方程,计算出当前时段盐分分布,本时段结算结束,进入下一时间步长。

8.7　模型验证

8.7.1　微咸水间歇畦灌水流推进与退水曲线对比

图 8-5 是微咸水连续灌溉与间歇灌溉水流推进与消退曲线的实测值与计算值对比图。由图 8-5 可知,无论是连续灌溉还是间歇灌溉,微咸水灌溉条件下畦田水流推进与消退曲线

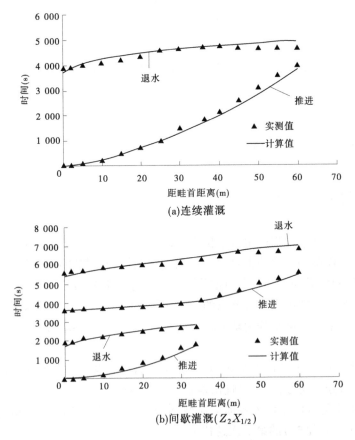

图 8-5　微咸水灌溉水流推进与消退曲线的实测值与计算值对比(3.4 g/L)

的实测值与计算值吻合较好,连续灌溉畦田的最大相对误差为 12.28%,平均相对误差为7.17%;间歇灌溉畦田的最大相对误差为 8.21%,平均相对误差为 3.46%。这说明本书所建的模型可较好地模拟微咸水连续灌溉及间歇灌溉畦灌水流运动过程。

8.7.2　微咸水间歇畦灌土壤水分对比

图 8-6、图 8-7 给出了微咸水连续灌溉与间歇灌溉($Z_2X_{1/2}$)畦灌灌后田间土壤含水率计算值与实测值对比图。由图 8-6、图 8-7 可知,无论是连续灌溉还是间歇灌溉,微咸水灌溉条件下,畦田土壤含水率的计算值与实测值吻合较好,连续灌溉畦田土壤含水率的最大相对误差为 9.64%,平均相对误差为 4.34%;间歇灌溉畦田土壤含水率的最大相对误差为 11.54%,平均相对误差为 3.71%。这说明本书所建的模型可较好地模拟畦灌土壤水分运动。

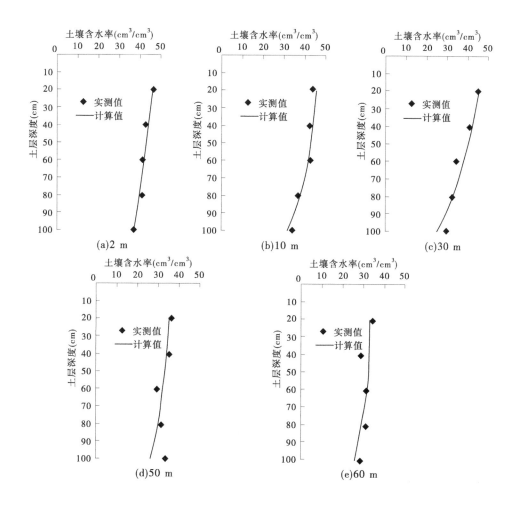

图 8-6　微咸水连续灌溉土壤含水率计算值与实测值对比(3.4 g/L)

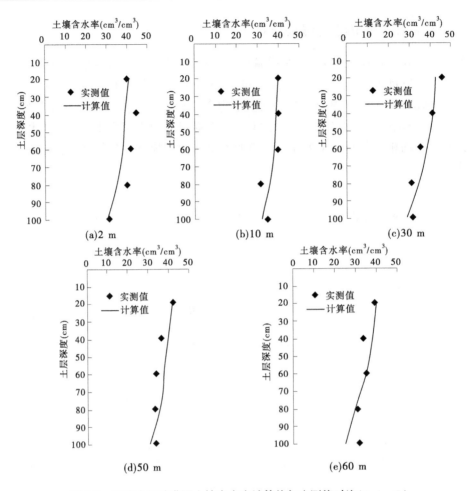

图 8-7 微咸水间歇灌溉土壤含水率计算值与实测值对比(3.4 g/L)

8.7.3 微咸水间歇畦灌土壤盐分对比

图 8-8、图 8-9 给出了微咸水连续灌溉与间歇灌溉($Z_2X_{1/2}$)畦灌灌后田间土壤含盐量计算与实测对比图。由图 8-8、图 8-9 可知,无论是连续灌溉还是间歇灌溉,微咸水灌溉条件下,畦田土壤含盐量的计算值与实测值吻合较好,连续灌溉畦田土壤含盐量的最大相对误差为 7.95%,平均相对误差为 5.48%;间歇灌溉畦田土壤含盐量的最大相对误差为 9.08%,平均相对误差为 5.34%。这说明本书所建的模型可较好地模拟畦灌土壤盐分运动。

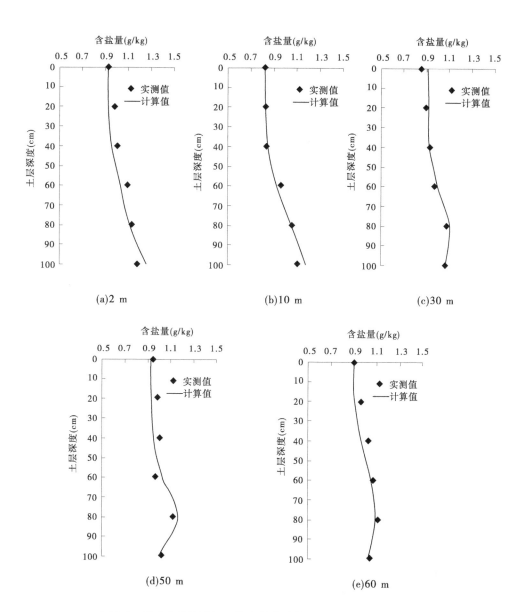

(a)2 m　　　　　　　　(b)10 m　　　　　　　　(c)30 m

(d)50 m　　　　　　　　(e)60 m

图 8-8　微咸水连续灌溉土壤含盐量计算值与实测值对比(3.4 g/L)

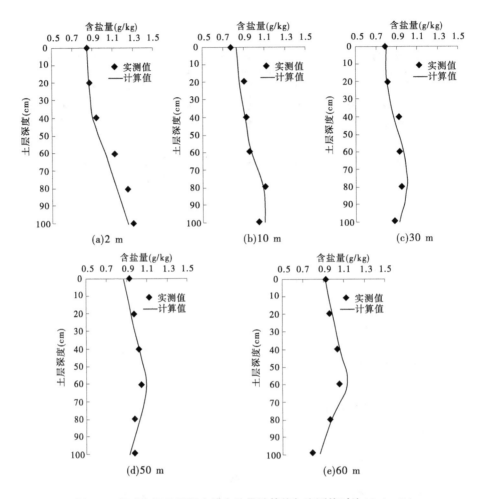

图 8-9　微咸水间歇灌溉土壤含盐量计算值与实测值对比（3.4 g/L）

8.8　小　结

（1）在分析间歇灌溉水盐运移特点的基础上，建立了微咸水间歇灌溉水盐耦合灌水模型，该模型克服了土壤含水率对入渗参数的影响及入渗模型不能模拟土壤含水率空间分布的缺陷，通过采用二维对流扩散溶质运移方程实现了盐分的运移和空间分布模拟。

（2）运用试验资料对微咸水间歇灌溉水盐耦合灌水模型进行验证，结果表明连续灌溉及间歇灌溉条件下畦田土壤含水率最大相对误差分别为 9.64% 和 11.54%，平均相对误差分别为 4.34% 和 3.71%；畦田土壤盐分含量最大相对误差分别为 7.95% 和 9.08%，平均相对误差分别为 5.48% 和 5.34%。该模型具有较高的模拟精度，可以用于微咸水间歇灌溉土壤水盐运移模拟。

参 考 文 献

[1] Abdel Gawad G, Arslan A, Gaihbe A, et al. The effects of saline irrigation water management and salt tolerant tomato varieties on sustainable production of tomato in syria（1999－2002）［J］. Agricultural Water Management,2005,78(1-2)：39-53.

[2] Bustan A, Cohen S,Malach Y D, et al. Effects of timing and duration of brackish irrigation water on fruit yield and quality of late summer melons［J］. Agricultural Water Management, 2005, 74(2)：123-134.

[3] Corwin D L, Rhoades J D, Šimůnek J. Leaching requirement for soil salinity control：Steady-state versus transient models［J］. Agricultural Water Management, 2007, 90(3)：165-180.

[4] Dane J H, Mathis F H. An adaptive finite difference scheme for the one-dimensional water flow equation［J］. Soil Ence Society of America Journal, 1981, 45(6)：1048-1054.

[5] Huang C H, Xue X, Wang T, et al. Effects of saline water irrigation on soil properties in northwest China［J］. Environmental Earth sciences, 2011, 63(4)：701-708.

[6] Isla R, Aragüés R. Response of alfalfa（Medicago sativa L.）to diurnal and nocturnal saline sprinkler irrigations. Ⅰ：total dry matter and hay quality［J］. Irrigation Science, 2009, 27(6)：497-505.

[7] Jennifer E Schmidt,Rachel L Vannette,Alexandria Igwe,et al. Effects of agricultural management on Rhizosphere microbial structure and function in processing tomato plants［J］. Applied & Environmental Microbiology, 2019, 85(16)：1-38.

[8] Li J, Gao Y, Zhang X, et al. Comprehensive comparison of different saline water irrigation strategies for tomato production：Soil properties, plant growth, fruit yield and fruit quality［J］. Agricultural Water Management, 2019, 213(3)：521-533.

[9] Maggio A, Pascale S D, Angelino G, et al. Physiological response of tomato to saline irrigation in long-term salinized soils［J］. European Journal of Agronomy, 2004, 21(2)：149-159.

[10] Malash N M, Flowers T J, Ragab R. Effect of irrigation methods and management practices on tomato yield soil moisture and salinity distribution using saline water［J］. irrigation science, 2010, 26(4)：313-323.

[11] Minhas P S, Dubey S K, Sharma D R. Comparative affects of blending, intera/inter-seasonal cyclic uses of alkali and good quality waters on soil properties and yields of paddy and wheat［J］. Agricultural Water Management, 2007, 87(1)：83-90.

[12] Morales-garcia D, Stewart K A, Seguin P, et al. Supplemental saline drip irrigation applied at different growth stages of two bell pepper cultivars grown with or without mulch in non-saline soil［J］. Agricultural Water Management, 2011, 98(5)：893-898.

[13] Murtaza G, Ghafoor A, Qadir M. Irrigation and soil management strategies for using saline-sodic water in a cotton-wheat rotation［J］. Agricultural Water Management,2006,81(1)：98-114.

[14] Padole V R, Bhalkar D V. Effect of irrigation water on soil properties［J］. Punjabrao Krishi Vidyapeeth Research Journal, 1995,19:31-33.

[15] Pasternak D, Zohar Y, Malach Y, et al. Irrigation with brackish water under desert conditions iii. methods for achieving Good Germination Under Sprinkler Irrigation with Brackish Water［J］. Pasternak D.；de Malach Y. borovic I. twersky M, 1985, 10(4)：335-341.

[16] Raij I, Šimůnek J, Ben-Gal A, et al. Water flow and multicomponent solute transport in drip-irrigated lysimeters[J]. Water Resources Research, 2016, 52(8): 6557-6574.

[17] Ramos T B, Šimůnek J, Gonçalves M C, et al. Field evaluation of a multicomponent solute transport model in soils irrigated with saline waters[J]. Journal of Hydrology, 2011, 407(1): 129-144.

[18] Sharma B R, Minhas P S. Strategies for managing saline/alkali waters for sustainable agricultural production in South Asia[J]. Agricultural Water Management, 2005, 78(1): 136-151.

[19] Sowe M A, Sathish S, Mohamed M M, et al. Modeling the mitigation of seawater intrusion by pumping of brackish water from the coastal aquifer of Wadi Ham, UAE[J]. Sustainable Water Resources Management, 2019, 5(4): 1435-1451.

[20] Talebnejad R, Sepaskhah A R. Effect of different saline groundwater depths and irrigation water salinities on yield and water use of quinoa in lysimeter[J]. Agricultural Water Management, 2015, 148(9): 177-188.

[21] Van Hoorn J W. Quality of irrigation water, limits of use and prediction of long term effects[J]. 1970.

[22] Wang J, Bai Z, Yang P. Mechanism and numerical simulation of multicomponent solute transport in sodic soils reclaimed by calcium sulfate[J]. Environmental Earth Sciences, 2014, 72(1): 157-169.

[23] Wang Q, Horton R, Shao M. Algebraic model for one-dimensional infiltration and soil water distribution[J]. Soil Science, 2003, 168(10): 671-676.

[24] Wang Z, Yang J, Ren J, et al. CO_2 and N_2O emissions from spring maize soil under alternate irrigation between saline water and groundwater in hetao irrigation district of inner mongolia, China[J]. International Journal of Environmental Research and Public Health, 2019, 16(15): 2669.

[25] Zartman R E, Gichuru M. saline irrigation water: effects on soil chemical and physical properties[J]. Soil Ence, 1984, 138(6): 417-422.

[26] Zhang Z, Hu H, Tian F, et al. Soil salt distribution under mulched drip irrigation in an arid Area of Northwestern China[J]. Journal of Arid Environments, 2014, 104(5): 23-33.

[27] 白瑞, 费良军, 陈琳, 等. 含沙率对层状土浑水膜孔灌单点源自由入渗特性的影响[J]. 水土保持学报, 2020, 34(2): 43-49, 55.

[28] 毕远杰, 王全九, 雪静. 淡水与微咸水入渗特性对比分析[J]. 农业机械学报, 2010, 41(7): 70-75.

[29] 毕远杰, 王全九, 雪静. 微咸水造墒对油葵生长及土壤盐分分布的影响[J]. 农业工程学报, 2009, 25(7): 39-44.

[30] 曹彩云, 李科江, 马俊永, 等. 河北低平原浅层咸水的利用现状与开发潜力[J]. 安徽农学通报, 2007, 13(18): 66-68.

[31] 曹伟, 张胜江, 魏光辉. 基于 RBF 神经网络的农田土壤含盐量预测[J]. 新疆水利, 2009(5): 9-12.

[32] 陈丽娟, 冯起, 王昱, 等. 微咸水灌溉条件下含黏土夹层土壤的水盐运移规律[J]. 农业工程学报, 2012, 28(8): 44-51.

[33] 陈琳, 费良军, 刘利华, 等. 土壤初始含水率对浑水膜孔灌肥液自由入渗水氮运移特性影响[J]. 水土保持学报, 2018, 32(2): 58-66.

[34] 陈启生, 戚隆溪. 有植被覆盖条件下土壤水盐运动规律研究[J]. 水利学报, 1996(1): 38-46.

[35] 陈书飞, 何新林, 汪宗飞, 等. 微咸水滴灌研究进展[J]. 节水灌溉, 2010, 2: 6-9.

[36] 池文法. 浅谈咸淡水混浇技术的应用[J]. 水科学与工程技术, 2006(S2): 49-50.

[37] 代文元, 张文杰, 袁淑芳, 等. 多策并举实现水资源的可持续利用[J]. 河北工程技术高等专科学校学报, 2001(3): 18-19, 40.

[38] 付秋萍,王全九,樊军.Philip 公式确定吸渗率时间尺度研究[J].干旱地区农业研究,2009,27(4):65-70.

[39] 付秋萍,王全九,樊军.盘式吸渗仪吸渗率计算方法比较[J].农业机械学报,2009,40(9):56-62.

[40] 龚雨田.不同矿化度微咸水灌溉对冬小麦农艺性状及产量的影响研究[D].天津:天津农学院,2017.

[41] 郭久亦,于冰(译).世界水资源短缺:节约用水和海水淡化[J].世界环境,2016(2):58-61.

[42] 郭力琼,毕远杰,马娟娟,等.交替滴灌对土壤水盐分布规律影响研究[J].节水灌溉,2016(5):6-11.

[43] 郭丽,郑春莲,曹彩云,等.长期咸水灌溉对小麦光合特性与土壤盐分的影响[J].农业机械学报,2017,48(1):183-190.

[44] 郭梦吉,刘宇,任树梅,等.河套灌区微咸淡水交替灌溉对加工番茄根系生长的影响[J].中国农业大学学报,2016,21(2):65-72.

[45] 郭瑞,冯起,司建华,等.土壤水盐运移模型研究进展[J].冰川冻土,2008,30(3):527-534.

[46] 郭向红.微咸水滴灌土壤水盐运移与西葫芦生长研究[M].北京:水利水电出版社,2018.

[47] 郭亚洁,侯建邦.微咸水灌溉玉米幼苗的试验[J].山西水利科技,1996(3):95-96.

[48] 郭永辰,陈秀玲.咸水与淡水联合运用的策略[J].中国农村水利水电,1992(6):15-18.

[49] 郭永杰,崔云玲,吕晓东,等.国内外微咸水利用现状及利用途径[J].甘肃农业科技,2003(8):3-5.

[50] 贺涤新.盐碱土的形成和改良[M].兰州:甘肃人民出版社,1980.

[51] 何康康,杨艳敏,杨永辉.基于 HYDRUS-1D 模型的华北低平原区不同微咸水利用模式下土壤水盐运移的模拟[J].中国生态农业学报,2016,24(8):1059-1070.

[52] 胡钜鑫,虎胆·吐马尔白,李卓然,等.基于 HYDRUS-2D 模型膜下滴灌棉田不同上口宽排盐浅沟下土壤水盐运移模拟[J].水利科学与寒区工程,2019,2(5):1-9.

[53] 虎胆·吐马尔白,吴争光,苏里坦,等.棉花膜下滴灌土壤水盐运移规律数值模拟[J].土壤,2012,44(4):665-670.

[54] 胡雅琪,吴文勇.中国农业非常规水资源灌溉现状与发展策略[J].中国工程科学,2018,20(5):69-76.

[55] 黄丹.微咸水膜下滴灌轮灌时序优化试验研究[D].石河子:石河子大学,2014.

[56] 黄权中,叶德智,黄冠华,等.宁夏引黄灌区春玉米微咸水灌溉管理模式研究[J].灌溉排水学报,2009,28(5):16-20.

[57] 霍海霞,张建国.咸水灌溉下土壤盐分运移研究进展与展望[J].节水灌溉,2015(4):41-45.

[58] 贾辉,张宏伟,费良军.循环率对一维间歇入渗土壤水、氮运移分布影响的室内试验[J].农业工程学报,2007,23(2):92-96.

[59] 贾俊姝,康跃虎,万书勤,等.不同土壤基质势对滴灌枸杞生长的影响研究[J].灌溉排水学报,2011,30(6):81-84.

[60] 姜伟.我国农用水权制度研究[D].青岛:中国海洋大学,2006.

[61] 金辉,郭军玲,查元源,等.基于 HYDRUS 模型全膜双垄沟模式下土壤水盐运移模拟[J].山西农业科学,2019,47(8):1428-1433.

[62] 兰简琪,谢世友.有机复合肥对土壤水分入渗特性的影响[J].江苏农业科学,2020,48(5):280-286.

[63] 雷志栋,杨诗秀,谢森传.田间土壤水量平衡与定位通量法的应用[J].水利学报,1988(5):1-7.

[64] 李开明,刘洪光,石培君,等.明沟排水条件下的土壤水盐运移模拟[J].干旱区研究,2018,35(6):1299-1307.

[65] 李瑞平,史海滨,赤江刚夫,等.季节性冻融土壤水盐动态预测BP网络模型研究[J].农业工程学报,2007(11):125-128.

[66] 栗现文,靳孟贵.不同水质膜下滴灌棉田盐分空间变异特征[J].农业机械学报,2014,45(11):180-187.

[67] 栗现文,靳孟贵,袁晶晶,等.微咸水膜下滴灌棉田漫灌洗盐评价[J].水利学报,2014,45(9):1091-1098,1105

[68] 李远,郑旭荣,王振华,等.基于Hydrus-1D的土壤水盐运移数值模拟[J].中国农学通报,2014,30(35):172-177.

[69] 刘静,高占义.中国利用微咸水灌溉研究与实践进展[J].水利水电技术,2012,43(1):101-104.

[70] 刘静妍.不同灌溉模式的微咸水入渗特性和土壤水盐分布特征[D].太原:太原理工大学,2015.

[71] 刘静妍,毕远杰,孙西欢,等.交替供水条件下土壤入渗特性与水盐分布特征研究[J].灌溉排水学报,2015,34(4):55-60.

[72] 刘利华,费良军,陈琳,等.浑水含沙率对膜孔灌肥液入渗土壤水氮运移特性的影响[J].农业工程学报,2020,36(2):120-129.

[73] 刘全明,陈亚新,魏占民,等.基于人工智能计算技术的区域性土壤水盐环境动态监测[J].农业工程学报,2006(10):1-6.

[74] 刘小媛,高佩玲,杨大明,等.咸淡水间歇组合灌溉对盐碱耕地土壤水盐运移特性的影响[J].土壤学报,2017,54(6):1404-1413.

[75] 刘小媛,张晴雯,高佩玲,等.间歇组合灌溉对中度盐化土壤水盐运移规律的影响研究[J].干旱地区农业研究,2018,36(6):1-6,12.

[76] 刘秀梅,王渌,王华田,等.磁化微咸水灌溉对土壤交换性盐基离子组成的影响[J].水土保持学报,2016,30(2):266-271.

[77] 刘友兆,付光辉.中国微咸水资源化若干问题研究[J].地理与地理信息科学,2004,20(2):57-60.

[78] 刘宗潇,朱成立,翟亚明,等.微咸水灌溉对土壤EC值及冬小麦产量的影响[J].灌溉排水学报,2017,36(3):59-64.

[79] 柳宽.21世纪世界水资源委员会论坛最新警告[J].水科学与工程技术,2000(S1):57.

[80] 龙秋波,袁刚,王立志,等.邯郸市东部平原区微咸水现状及开发利用研究[J].水资源与水工程学报,2010,21(4):126-129.

[81] 吕殿青.土壤水盐运移试验研究与数学模拟[D].西安:西安理工大学,2000.

[82] 吕棚棚,毕远杰,孔晓燕,等.基于模糊层次的微咸水滴灌西葫芦的最优灌水方案研究[J].节水灌溉,2020(1):19-24.

[83] 吕烨,杨培岭,管孝艳,等.咸淡水交替淋溶下土壤盐分运移试验[J].水利水电科技进展,2007,27(6):90-93.

[84] 马东豪.土壤水盐运移特征研究[D].西安:西安理工大学,2005.

[85] 马海燕,王昕,张展羽,等.基于HYDRUS-3D的微咸水膜孔沟灌水盐分布数值模拟[J].农业机械学报,2015,46(2):137-145.

[86] 马文军,程琴娟,李良涛,等.微咸水灌溉下土壤水盐动态及对作物产量的影响[J].农业工程学报,2010(1):87-94.

[87] 马中昇,谭军利,魏童.中国微咸水利用的地区和作物适应性研究进展[J].灌溉排水学报,2019,38(3):70-75.

[88] 宁松瑞,左强,石建初,等.新疆典型膜下滴灌棉花种植模式的用水效率与效益[J].农业工程学报,2013,29(22):90-99.

[89] 牛君仿,冯俊霞,路杨,等.咸水安全利用农田调控技术措施研究进展[J].中国生态农业学报, 2016,24(8):1005-1015.

[90] 欧阳正平.新疆焉耆盆地典型区土壤水盐运移规律及其数值模拟[D].北京:中国地质大学,2008.

[91] 庞桂斌,张立志,王通,等.微咸水灌溉作物生理生态响应与调节机制研究进展[J].济南大学学报 (自然科学版),2016,30(4):250-255.

[92] 逄焕成,杨劲松,严惠峻.微咸水灌溉对土壤盐分和作物产量影响研究[J].植物营养与肥料学报, 2004(6):599-603.

[93] 乔冬梅,史海滨,霍再林.浅地下水埋深条件下土壤水盐动态BP网络模型研究[J].农业工程学报, 2005(9):42-46.

[94] 乔冬梅,吴海卿,齐学斌,等.不同潜水埋深条件下微咸水灌溉的水盐运移规律及模拟研究[J].水 土保持学报,2007(6):7-10,15.

[95] 乔玉辉,宇振荣,张银锁,等.微咸水灌溉对盐渍化地区冬小麦生长的影响和土壤环境效应[J].中 国土壤与肥料,1999(4):11-14.

[96] 史晓楠,王全九,苏莹.微咸水水质对土壤水盐运移特征的影响[J].干旱区地理,2005,28(4):100-104.

[97] 苏莹,王全九,叶海燕,等.咸淡轮灌土壤水盐运移特征研究[J].灌溉排水学报,2005,24(1):50-53.

[98] 孙燕,朱梦杰,王全九,等.加氧微咸水溶氧量对土壤水盐运移特征的影响[J].农业机械学报, 2019,50(6):299-305.

[99] 孙泽强,董晓霞,王学君,等.微咸水喷灌对作物影响的研究进展[J].中国生态农业学报,2011, 19(6):1475-1479.

[100] 陶君.宁夏日光温室辣椒、甜瓜不同微咸水膜下滴灌灌溉制度研究[D].宁夏:宁夏大学,2014.

[101] 王春堂.浅谈山东沿黄地区涌流灌溉技术推广的必要性和可行性[J].节水灌溉,1999(5):3-5.

[102] 王春堂.涌流灌溉技术及水力自动装置[J].排灌机械,2000,18(1):36-38,44-46.

[103] 王春霞,王全九,单鱼洋,等.微咸水滴灌下湿润锋运移特征研究[J].水土保持学报,2010, 24(4):59-63,68.

[104] 王春霞,王全九,何新林.一维代数模型在砂质盐碱土改良中的适应性研究[J].干旱地区农业研 究,2015,33(6):222-228.

[105] 王洪彬.沧州地区利用地下微咸水灌溉分析[J].水科学与工程技术,1998(4):4-5.

[106] 王军涛,李强坤.黄河下游地区微咸水灌溉利用研究[J].水资源与水工程学报,2013,24(5): 149-151.

[107] 王全九,单鱼洋.微咸水灌溉与土壤水盐调控研究进展[J].农业机械学报,2015,46(12):117-126.

[108] 王全九,叶海燕,史晓南,等.土壤初始含水率对微咸水入渗特征影响[J].水土保持学报,2004 (1):51-53.

[109] 王少丽,许迪,方树星,等.水管理策略对土壤水盐动态和区域地下排水影响的模拟评价[J].水利 学报,2005(7):799-805.

[110] 王卫光,王修贵,沈荣开,等.微咸水灌溉研究进展[J].节水灌溉,2003(2):9-11,46.

[111] 吴军虎,费良军,李怀恩,等.波涌灌溉土壤间歇入渗数学模型研究现状[J].水土保持学报, 2003(5):51-53,58.

[112] 吴军虎,刘侠,邵凡凡,等.天然沸石对土壤水分运动特性及水稳性团聚体的影响[J].灌溉排水 学报,2020,39(4):34-41.

[113] 吴漩,郑子成,李廷轩,等.不同灌水量下设施土壤水盐运移规律及数值模拟[J].水土保持学报,

2014, 28(2): 63-68.

[114] 吴忠东,王全九. 微咸水混灌对土壤理化性质及冬小麦产量的影响[J]. 农业工程学报,2008, 24 (6):69-73.

[115] 吴忠东,王全九. 入渗水矿化度对土壤入渗特征和离子迁移特性的影响[J]. 农业机械学报, 2010,41(7):64-69,75.

[116] 吴忠东,王全九. 微咸水波涌畦灌对土壤水盐分布的影响[J]. 农业机械学报,2010,41(1): 53-58.

[117] 吴忠东,王全九. 微咸水钠吸附比对土壤理化性质和入渗特性的影响研究[J]. 干旱地区农业研究,2008,(1):231-236.

[118] 吴忠东,王全九,苏莹,等. 不同矿化度微咸水对土壤入渗特征的影响研究[J]. 人民黄河, 2005, 27(12):49-50,83.

[119] 邢文刚,俞双恩,安文钰,等. 春棚西瓜利用微咸水滴灌与畦灌的应用研究[J]. 灌溉排水学报, 2003,22(3):54-56,68.

[120] 徐秉信,李如意,武东波,等. 微咸水的利用现状和研究进展[J]. 安徽农业科学,2013,41(36): 13914-13916,13981.

[121] 徐存东,聂俊坤,刘辉,等. 干旱扬黄灌区漫灌方式下土壤水盐运移模拟[J]. 人民黄河, 2015, 37 (8): 140-144.

[122] 许景桥,邱前瑞. 发展咸淡混浇,促进水资源可持续利用[J]. 河北工程技术高等专科学校学报, 2007(3):20-22.

[123] 雪静,王全九,毕远杰. 微咸水间歇供水土壤入渗特征[J]. 农业工程学报,2009,25(5):14-19.

[124] 徐力刚,杨劲松,张妙仙. 种植作物条件下粉砂壤质土壤水盐运移的数值模拟研究[J]. 土壤学报, 2004(1): 50-55.

[125] 徐力刚,杨劲松,张奇. 冬小麦种植条件下土壤水盐运移特征的数值模拟与预报[J]. 土壤学报, 2005(6): 923-929.

[126] 徐旭,黄冠华,屈忠义,等. 区域尺度农田水盐动态模拟模型——GSWAP[J]. 农业工程学报, 2011, 27(7): 58-63.

[127] 严亚龙,毕远杰,郭向红,等. 微咸水间歇供水方式土壤水盐分布分析[J]. 节水灌溉,2015(6):39-42,46.

[128] 严晔端,李悦. 发展咸淡水混灌技术合理开发地下水资源[J]. 地下水,2000(4):153-156.

[129] 杨静. 咸水简易渗灌对土壤水盐运移和番茄产量品质的影响[D]. 石家庄:中国科学院农业资源研究中心,2012.

[130] 杨静,刘孟雨,董宝娣,等. 微咸水简易渗灌对温室番茄生长及生理特性的影响[J]. 干旱地区农业研究,2012,30(3):70-77.

[131] 杨培岭,王瑜,任树梅,等. 咸淡水交替灌溉下土壤水盐分布与玉米吸水规律研究[J]. 农业机械学报,2020,51(6):273-281.

[132] 杨树青,杨金忠,史海滨. 不同作物种植条件下微咸水灌溉的土壤环境效应试验研究[J]. 灌溉排水学报,2007(6):55-58,62.

[133] 杨艳. 土壤溶质运移特征实验研究[D]. 西安:西安理工大学, 2006.

[134] 杨艳,王全九. 微咸水入渗条件下碱土和盐土水盐运移特征分析[J]. 水土保持学报,2008, 22 (1):13-19.

[135] 姚宝林,叶含春,孙三民,等. 微咸水滴灌土壤盐分布规律与枣树耐盐性试验研究[J]. 节水灌溉, 2010(10),32-34,39.

[136] 叶海燕,王全九,刘小京. 冬小麦微咸水灌溉制度的研究[J]. 农业工程学报,2005,21(9):27-32.

[137] 叶胜兰. 微咸水灌溉的应用进展概述[J]. 绿色科技,2019(6):165-166.

[138] 余根坚,黄介生,高占义. 基于 HYDRUS 模型不同灌水模式下土壤水盐运移模拟[J]. 水利学报,2013,44(7):826-834.

[139] 余世鹏,杨劲松,刘广明,等. 基于模糊神经算法的区域地下水盐分动态预测[J]. 农业工程学报,2014,30(18):142-150.

[140] 袁成福,冯绍元,蒋静,等. 咸水非充分灌溉条件下土壤水盐运动 SWAP 模型模拟[J]. 农业工程学报,2014,30(20):72-82.

[141] 宰松梅,郭冬冬,温季. 人工神经网络在土壤含盐量预测中的应用[J]. 中国农村水利水电,2010(10):33-35.

[142] 翟亚明,程秀华,黄明逸,等. 咸淡水交替灌溉对冬小麦生长及产量的影响[J]. 灌溉排水学报,2019,38(11):1-7.

[143] 张会元. 咸水利用可行性分析[J]. 天津农林科技,1994,(3):18-19.

[144] 张建新,王爱云. 利用咸水灌溉碱茅草的初步研究[J]. 干旱区研究,1996,13(4):30-33.

[145] 张俊. 微润线源入渗湿润体特性试验研究[D]. 北京:中国科学院研究生院(教育部水土保持与生态环境研究中心),2013.

[146] 张俊鹏,孙景生,张寄阳,等. 棉花微咸水灌溉技术研究现状与展望[J]. 节水灌溉,2010(10):56-59,63.

[147] 张丽君,李法虎,万立国. 微咸水水质和地面坡度对沟灌土壤侵蚀的影响[J]. 节水灌溉,2010,(4):26-28,32.

[148] 张永波,王秀兰. 表层盐化土壤区咸水灌溉试验研究[J]. 土壤学报,1997,34(1):53-59.

[149] 张展羽,冯根祥,马海燕,等. 微咸水膜孔沟灌土壤水盐分布与灌水质量分析[J]. 农业机械学报,2013,44(11):112-116.

[150] 赵春林,张彪,郭培成. 汾河三坝灌区浅层咸水利用的试验研究[J]. 太原理工大学学报,2000,31(5):593-595,599.

[151] 钟韵,费良军,傅渝亮,等. 土壤容重对浑水膜孔灌单点源自由入渗特性的影响[J]. 水土保持学报,2016,30(2):88-91,96.

[152] 仲轩野,朱成立,柳智鹏,等. 不同矿化度对层状土入渗规律的影响研究[J]. 节水灌溉,2019,13(5):63-66.

[153] 朱成立,刘宗潇,翟亚明,等. 滨海农区微咸水–淡水交替灌溉对土壤 EC 和入渗的影响[J]. 农业现代化研究,2017,38(1):154-160.

[154] 朱成立,舒慕晨,张展羽,等. 咸淡水交替灌溉对土壤盐分分布及夏玉米生长的影响[J]. 农业机械学报,2017,48(10):201,220-228.

[155] 朱瑾瑾,孙军娜,张振华,等. 粉壤土水盐运移对咸淡水交替灌溉的响应[J]. 排灌机械工程学报,2020,38(3):298-303.

[156] 朱瑾瑾,孙军娜,张振华,等. 咸淡水交替灌溉对滨海盐碱土水盐运移的影响[J]. 水土保持研究,2019,26(5):113-117,122.